# 物 种 起 源

[英]查尔斯·达尔文 著
李虎 译
蒋志刚 审校

外语教学与研究出版社
北京

**图书在版编目（CIP）数据**

物种起源 /（英）查尔斯 · 达尔文（Charles Darwin）著；李虎译. -- 北京：外语教学与研究出版社，2022.4

ISBN 978-7-5213-3378-7

Ⅰ. ①物… Ⅱ. ①查… ②李… Ⅲ. ①物种起源－达尔文学说－青少年读物 Ⅳ. ①Q111.2-49

中国版本图书馆 CIP 数据核字（2022）第 042923 号

出版人　王　芳
项目负责　章思英　刘晓楠
项目策划　何　铭
责任编辑　陈思原
责任校对　王　菲
封面设计　水长流文化
版式设计　平　原
插图绘制　ALICEWANG ART
出版发行　外语教学与研究出版社
社　　址　北京市西三环北路 19 号（100089）
网　　址　http://www.fltrp.com
印　　刷　北京华联印刷有限公司
开　　本　710×1000　1/16
印　　张　19
版　　次　2022 年 4 月第 1 版　2022 年 4 月第 1 次印刷
书　　号　ISBN 978-7-5213-3378-7
定　　价　89.00 元

购书咨询：（010）88819926　电子邮箱：club@fltrp.com
外研书店：https://waiyants.tmall.com
凡印刷、装订质量问题，请联系我社印制部
联系电话：（010）61207896　电子邮箱：zhijian@fltrp.com
凡侵权、盗版书籍线索，请联系我社法律事务部
举报电话：（010）88817519　电子邮箱：banquan@fltrp.com
物料号：333780001

# 导读

如果没有前人对自然万物的探索，就没有今天高度发达的物质文明。人们对做出过划时代贡献的科学大师心怀敬仰，渴望通过阅读他们的作品寻求创新的灵感。怎奈时空相隔，以今人的视角观古人，很难读出原著的过人之处，这也许是当前科学名著公众阅读率不高的原因之一。本书正是能让大家易读和悦读的作品。我们在每章前增加了简明扼要的导语，以期有助于读者了解大师的思想在当时的背景和认知体系下是怎样脱颖而出的——以历史的眼光看待古人，才能读出创见，受到启迪。

科学名著公众阅读率不高的另一原因是，在信息大爆炸时代，行色匆匆的人们无暇在每一道风景前长久驻足，内容艰深，术语繁杂，动辄几十万、上百万字的鸿篇巨制委实令人生畏。因此，在编辑本书时，我们删繁就简，提炼精华，保留了原著中的核心观点和能与现代理论接轨之处，以便读者用较短时间就能充分领略和欣赏名著中的精华。

世界从未像现在这样缤纷多彩，时下人们普遍追求丰富多元的精神享受。为此，我们查阅大量资料，倾尽所能在书中插入了精美图片。文图相得益彰，能给读者带来非同寻常的视觉体验。

在策划和编辑本书的过程中，我们得到了中国科学院动物研究所研究员蒋志刚的充分肯定和悉心指导。他对科学研究的孜孜追求，对科学普及的身体力行，尤其是对经典阅读的大力倡导，令我们深受鼓舞与启发。我们诚挚期待本书能引领更多的读者阅读大师的原著，欣赏这些历久弥新的瑰宝并有所收获。

李虎先生根据《物种起源》第一版翻译的《物种源始》曾于清华大学出版社出版。四年后，外语教学与研究出版社又推出李虎先生根据《物种起源》一书缩译、增加了插图的《物种起源》缩译插图版。相对于早期的《物种起源》版本，《物种起源》缩译插图版无疑带来了现代图书的新形式，增加了可读性。

我曾经为《物种源始》写过推荐序，这一次又受外语教学与研究出版社委托审校《物种起源》缩译插图版。为了保证稿件质量，除清华大学出版社出版的《物种源始》外，我参考了科学出版社 1996 年出版，周建人、叶笃庄、方宗熙译，叶笃庄修订的《物种起源》，还从网上下载了 1859 年由伦敦默里出版社出版的《物种起源》第一版（*On the Origin of Species by Means of Natural Selection, or the Preservation of Favoured Races in the Struggle for Life*）的扫描版。我想自己大概是为数不多的反复阅读过达尔文著作的中国人之一。当我审校完最后一页书稿时，抚摸着厚厚的书稿，我不禁感触万千。

达尔文先生是一位细心观察的人，一生中唯一一次海外考察的所见所闻影响了他的一生。考察回国后，他通过观察信鸽、猫狗和家畜，发现了人工选择；通过观察蜂巢，发现了自然选择对蜂巢结构的优化；通过对比观察被围栏和未被围栏的石南地植物群落，发现围栏中的生物群落发生了变化，他还发现，排除掉牛的啃食之后，冷杉才能在石南地生长……

达尔文先生是一位博学的人。细究起来，达尔文先生似乎没有系统学习过植物学和动物学——他在父亲的安排下先进入爱丁堡大学学习医学，后来到剑桥大学学习神学，可是小达尔文对当时大学里讲授的枯燥的知识不感兴趣，却对大学自然博物馆情有独钟，时常在自然博物馆观察标本，还协助博物馆做收集工作。达尔文在爱丁堡大学学习期间旁听了动物学课程，靠自学积累了广博的生物学知识，他对当时生物学所有前沿动态的了解程度着实令人惊叹。

达尔文先生是一位亲自动手的人。为观察鸽子的变异，达尔文收集了当时能得到的所有鸽子品种，甚至鸽子皮，他还亲自饲养鸽子，参加过伦敦的两个养鸽俱乐部；为检验杂交理论，他亲自做甘蓝混种田园实验，还在田间做过植物杂交试验；为探究动物的本能，他还养过蚂蚁，观察过蚂蚁的行为。

达尔文先生是一位认真思考的人。仅靠积累知识、动手做实验尚不足以成为一位伟大的科学家。要取得惊人的成就还需要勤于思考、善于思考。经过深思熟虑，达尔文提出物种个体存在变异，自然选择保留有益变异，剔除有害变异，他在吸收马尔萨斯人口学说的基础上提出“生存竞争、自然选择”理论。他还发现了性选择——自然界中存在一种力量能塑造公盘羊巨大的角、雄松鸡的求偶舞蹈、雄红腹锦鸡的绚丽羽毛。

达尔文先生是一位有胆识的人。他在宗教势力强盛的年代提出进化论，无疑相当于在一湖静水中投入了一块石头。这块石头激起了千层漪涟——达尔文的理论震动了整个社会。当时不仅普通人，即使是他的同行——大多数博物学家也难以接受他的理论。物种神创论符合天主教教义，是当时英国社会的普遍信仰，所以经过二十多年准备，达尔文才决定发表《物种起源》一书。

在达尔文时代，生态学、遗传学尚未出现，地质学也才刚刚兴起。达尔文不知道基因、染色体、减数分裂、生态位、生态系统等概念，甚至不知道奥陶纪。我们不应当以我们今天所掌握的知识来评价达尔文的工作。达尔文年轻时有幸乘英国皇家海军比格尔号在南半球进行了 5 年的考察，那是他一生中仅有的一次海外考察经历，然而，对于现代人来说，那仅仅是一次考察而已。试问，现代动物学家、植物学家哪一位不曾经历过数十次乃至上百次类似的考察呢？现代交通的便利使今天的人们不论从华盛顿出发，还是从北京出发，到达南美洲任何一座大城市似乎只是一两次进出飞机而已。然而，我们都没有取得达尔文那样的发现。

达尔文先生对生命演化的认识至今仍没有过时。仔细研究达尔文先生绘制的“生命演化之树分枝图”，我们会发现他对生命演化历程的洞察十分到位。事实上，达尔文先生对物种灭绝必然性的认识，早就回答了 2015 年《科学》杂志在纪念该刊创刊 125 周年之际公布的 125 个最具挑战性的科学问题之一“能否避免物种灭绝？”

今天，我们重温达尔文的经典著作，不仅仅是为了解他的进化论思想，更重要的是为学习达尔文先生对科学执着追求的精神和严谨治学的工作态度。作为一位多年从事野生动物保护的专业人员，我在《物种源始》推荐序中提到：“信息时代来临后，网络传输速度越来越快，消除了地域与语言的障碍。日益普及的网络，使人们获得信息的方式日益便捷，处理信息的效率日益提高，供人们检索的网络数据库日益完备，获得的信息日益图文并茂，信息传播进入影像视频时代。当网络在线阅读成本下降，入门门槛降低，加上信息实时更新，并提供在线互动，网络日益成为人们获得信息的主要渠道时；当生活节奏越变越快，读书成为快餐文化，更多人倾向于在线阅读时；当藏书成为少数人的时尚，多数人不再藏书时；当人们的写作速度加快，书籍出版速度加快，书籍更多地变成一次性消费读物时，经典著作的译介，特别是那些巨匠们倾注毕生精力写作的经典著作的译介十分必要。精读深思达尔文的著作，可以深化我们对当代生物多样性问题的认识，深化我们对当代野生动物保护与管理的认识。”

《物种起源》缩译插图版使更多人能够重读这部科学史上的名著，用达尔文的学术思想和研究方法探究、认识地球的生物多样性，从而深切体会到拯救濒危物种、保护生物多样性、保护人类生存环境的重要性。

中国科学院动物研究所研究员

蒋志刚

2015 年 12 月于中国科学院奥运村园区

# 本版说明

《物种起源》是影响人类历史进程的重要著作。在达尔文之前，人们普遍相信，所有物种都是神造的，自被创造以来没有变化。1859年《物种起源》的出版，使人们对生命起源的认识产生了深刻的变化，引发了人类思想史上的一场革命，达尔文本人也从一个正统的基督徒转变为一个不可知论者或者怀疑论者。

第一版《物种起源》思路清晰地阐述了达尔文的原始观点，最充分地体现了达尔文的革命精神。《物种起源》发表后，批评和质疑的信件纷至沓来，激烈的争辩随之在报纸、杂志及科学会议上展开。面对诘难，达尔文做了许多不必要的修改，甚至在有些方面重新倒向神创论。在他有生之年，此书改版达五次之多，篇幅也越来越长，累积到第六版，篇幅增加了三分之一。国内中译本《物种起源》大多基于第六版，而国外学者引用《物种起源》时，90%以上是引用第一版。我们开发的这个版本正是基于《物种起源》第一版，这是国际学术界通行的标准版本，本身就具有简明、精炼、行文流畅的优点。在原著的基础上，我们又进一步精简，删去了原文中烦琐、重复之处和规律之外的极少数例外。作为一个“精炼的节译本”，本版删减了第一版原著三分之一的篇幅，因此在翻译上有更大的自由度，不拘泥于“直译、硬译”，而更倾向于注重读者的阅读习惯，优化读者的阅读体验。我们希望通过自己的努力，使这部脍炙人口的名著真正走向中国读者。

本书译者李虎先生十多年来从事进化论科学普及方面的翻译工作，先后翻译了《进化论传奇：一个理论的传记》《地球上最伟大的表演：进化的证据》《众病之王：癌症传》等进化生物学相关著作，并且早在2012年就与清华大学出版社合作出版了《物种起源》第一版的全译本。尽管如此，他在着手节译《物种起源》的时候仍然非常谨慎。李虎先生在翻译上以准确性高见长，绝不会妄自以现代人的眼光修正原作者的观点，比如modification和variation在其他版本的《物种起源》中都笼统地被翻成“变异”，但达尔文在使用这两词的时候是有区别的：variation（变异）指的是每一次的小变异，modification（修改）指的是世代积累之小变异所达成的修改，这是从量变到质变的飞跃，不可同一而论。再如，在这样一部论证“共祖学说”的著作中，不宜先入为主、未审先判地把allied species翻译为“亲缘物种”，而应翻译成“类缘物种”，通过论证，自然而然地因“物生其类”而揭示“类缘”的实质乃是因“系出共祖”而来的“亲缘”。这样一丝不苟的翻译才能真实再现科学史上名著的本来面目。

今天我们阅读《物种起源》不仅仅是为了了解达尔文的进化论思想，更重要的是体会科学大家的思想方法和创新精神。达尔文承认自己并非第一个提出进化思想的学者，在他之前已有数十人“猜”到了进化论，但达尔文能以细致的观察、大胆的怀疑、睿智的分析、缜密的逻辑论证物种进化的思想，这些才是更值得令人借鉴的地方。进化论的共同创立者华莱士曾经说过：“……能力远在我之上的人可能都要承认，他们没有那种持续不衰的耐心去积累大量的证据，也不具备那种非凡技巧去驾驭和利用那么多不同类型的事实和材料，也没有他（达尔文）那样广泛而精确的生理知识、设计实验时的洞察秋毫、做实验时的老练和娴熟以及令人艳羡的写作风格——简明清晰、思虑缜密、富有说服力，所有这些素质在达尔文身上完美地结合，使他成为当今世上最适合从事并完成这一伟大工程的人。”

# 目录

# 导言

我作为博物学者搭乘皇家军舰比格尔号环游世界期间，看到南美洲生物的地理分布以及古今生物在地质关系上的某些事实，受到极大震动。这些事实似乎为解决物种起源问题提供了一些线索。这个问题被一位最伟大的哲学家[①]称为谜中之谜。归国以后，1837年，我想到，如果我耐心搜集和思索可能与该问题有些许关系的各种事实，也许可以得出一些结果。经过五年工作之后，我才允许自己对该问题有所推测，并整理了一些简短笔记；1844年，我把这些笔记扩充为一篇纲要，以表达当时我感觉很有可能的结论。从那时起到现在，我坚定地追求着同一个目标。希望读者原谅我讲述这些个人琐事，这么做只是为了表明我并没有草率做出结论。

皇家军舰比格尔号

① 这里指天文学家约翰·赫歇尔（1792—1871），其父威廉·赫歇尔也是著名的天文学家。

赖尔（1797—1875）
英国地质学家，《地质学原理》的作者

现在，我的工作已接近完成。不过，因为要完成它还需要两三年时间，而我的健康情况远不能说是好的，所以我被催着尽早发表这部摘要。另外一个重要原因是：正在研究马来群岛自然史的华莱士先生对于物种起源得出了和本人观点几乎完全一致的结论。1858年，他曾寄给我一篇关于这个问题的著述，请求我转交查尔斯·赖尔爵士。赖尔爵士把这篇著述送到林奈学会，发表在该会会刊的第三卷上。赖尔爵士和胡克博士[①]都知道我的工作，胡克还读过我写于1844年的纲要；他们认为有必要同时发表我手稿的某些简短摘录和华莱士先生的卓越著述。承蒙他们看重，我感到很荣幸。

我现在出版的这部摘要必定还不完善。我无法为其中的若干论述提供参考文献和权威性的根据，只好期望读者信任本人论述的准确性。虽然我一向小心谨慎，只信赖权威性的根据，但无疑仍难避免错误的混入。在这里，我只能列出我得出的总括性结论，用少许事实进行阐明，我希望在大多数情况下这样做是足够的。今后，很有必要详细发表我做出结论所根据的全部事实并附上参考文献——没有人会比我更痛切地感到这些事的必要性。因为我清楚地认识到，虽然本书所讨论的内容几乎没有一点不能援引事证，但这些事实又往往看似能引向同本人结论正相反的

① 这里指植物学家约瑟夫·胡克（1817—1911），其父威廉·胡克也是著名植物学家。

结论。只有对于每一个问题正反两面的事实和论点加以充分叙述和比较，才能得出公平的结论，但本摘要却不可能做到这样。

我得到了许多博物学家的慷慨相助，其中有些人和我并不相识。非常抱歉，因篇幅所限，我无法对他们一一表达感激。但是，我不能错过这个对胡克博士表示深切感谢的机会，最近十五年来，他以丰富的知识和卓越的判断在各方面给我以可能的帮助。

考虑“物种起源”问题，完全可以想到，一位博物学家如果对生物之间的相互类缘关系、胚胎关系、地理分布、地质演替及其他事实加以思考，他可能得出结论——物种不是被独立创造出来的，而是像变种一样，是从其他物种传衍下来的。不过，即使有很好的依据，这样一个结论也仍然不能令人满意，除非我们能阐明世界上生存的无数物种是被如何改造才产生了令人惊讶的完善结构和相互适应的。博物学家不断地把变异的唯一可能原因归于外界环境条件，如气候、食物等。后面我们将会看到，从某种非常有限的意义上讲，这种说法可能是对的；但是，以啄木鸟的构造为例，它的脚、尾、喙、舌如此令人赞叹地适应于捉取树皮下的昆虫，若将其仅仅归因于外界条件，则十分荒谬。再举槲寄生的例子，它从某几种树木吸取营养，种子必须由特定

槲寄生

槲寄生科槲寄生属常绿小灌木，寄生于槲、梨、榆、桦等树上。雌雄异株，叶对生，叶柄短。花序顶生或腋生于茎叉状分枝处，花期4～5月。果球形，成熟时淡黄色或橙红色

的几种鸟传播，而且雌雄异花，需要某几种昆虫的帮助才能完成异花授粉，因而要用外界条件、习性或植物本身意愿的作用来说明这种寄生株的构造及其与几种不同生物的关系，也同样十分荒谬。

我推想，《创世遗迹》[①] 的作者会说，经过不知多少代之后，某种鸟生下了一只啄木鸟，而某种植物产生了槲寄生，并且在它们产生出来的时候就和我们现在看到的一样完美。这样的设想对我来说等于什么都没解释——因为它没有触及，也没有解释各个生物体如何相互适应，以及如何与它们的非生物环境相适应。

因此，最重要的是搞清楚“修改”和“相互适应”的途径。在观察的初期，我就感觉仔细研究家养动植物将为弄清楚这个难解的问题提供最好的机会，它们果然没有令我失望。在各种错综复杂的事例中，我总是发现：虽然有关家养下变异的知识还不完善，但已能提供最好的和最可靠的线索。我愿大胆地表示，我相信这种研究价值很高，虽然它常常被博物学家忽视。

基于这些考虑，我把本摘要第一章用来讨论家养状态下的变异。由此，我们将看到大量的遗传性修改至少是可能的。然而，同样重要甚至更加重要的是：我们将看到，人类对连续的微小变异进行选择并积累的力量是多么巨大。第二章将进而讨论物种在自然状态下的变异，但不幸的是，我只能十分简略地讨论这个问题。而要把这个问题处理妥当，不列举长篇事实是办不到的。无论如何，我们还是能够讨论什么条件对变异是最有利的。第三章将讨论全世界所有生物之间为生存而进行的斗争，这是它们以几何级数高速增殖带来的必然结果。此为马尔萨斯学说在整个动物界和植物界的应用。因为每一物种所产生的

---

① 作者为罗伯特·钱伯斯（1802—1871）。书中的进化理论激起了达尔文的兴趣，但因错误较多，未得到大多数科学家的认同。

个体数都远远超过其可能生存的个体数，并由此频繁引发为生存而进行的斗争，所以在复杂且时常变化的生存条件下，任何生物所发生的变异，无论多么微小，只要以任何方式有利于其自身，就会使生物有较好的生存机会，这样便被自然选择了。通过强有力的遗传规律，任何被选择下来的变种，都会倾向于繁殖其改良了的新类型。

马尔萨斯（1766—1834）
英国经济学家，以人口理论闻名于世

在第四章里我将用相当的篇幅论述自然选择的基本问题，我们将看到，自然选择怎样几乎不可避免地导致改良较少的生物类型大量灭绝，并且引发我所说的性状分异。在第五章，我将讨论复杂的、所知甚少的变异律和相关生长律。在接下来的四章，将列举本学说面临的最明显、最严重的困难：第一、转变之难，即一种简单生物（或简单器官）怎么能够变化和改善成高度发育的生物（或构造精密的器官）；第二、本能，即动物心智的问题；第三、杂交问题，即物种间杂交的难育性和变种间杂交的能育性；第四、地质记录的不完备。在第十章，我将穿越时间，考察生物的地质演替。在第十一章和第十二章，我将跨越空间，讨论生物的空间地理分布。在第十三章，论述生物的分类或相互的类缘关系（包括成体的和胚胎期的）。在最后一章，我将扼要复述全书内容并给出几条结论性的评述。

如果人们能正视自己对周围所有生物的相互关系几近无知，那么就不该惊讶于物种和变种的起源仍然留有许多未解之谜。谁能解释为什么某一物种分布广泛，数量众多，而另一个近似种却分布区狭小，数量稀少？然而，这些关系却是最重要的，因为它们决定着这个世界上每一种生物当下的福祉，并且我相信也决定着它们未来的成功和修改。关于无数生物在许多既往地质时代里的相互关系，我们知道的就更少了。虽然许多问题至今隐晦难解，而且在今后很长一段时间内还会如此，但经过殚精竭虑的审慎研究和冷静判断，我毫无疑虑地认为：许多博物学家直到最近仍然持有的观点，即每个物种都是被独立创造出来的，是错误的。这种错误观点我也曾相信过，现在，我已完全信服：物种并非恒久不变，那些所称的同属物种都是另一个通常情况下已经灭绝的物种的直系后裔，正像任何一个物种的公认变种乃是该物种的后裔一样。此外，我深信：自然选择是物种发生修改的主要途径，但不是唯一途径。

# 第一章

# 家养状态下的变异

达尔文在《物种起源》中主要论证了两个观点：

一、所有动植物都是从简单到复杂，从低级到高级演化而来的；

二、生物进化是自然选择的结果。

为什么在第一章中，达尔文要先谈家养状态下的变异呢？首先，变异是自然选择的原料，没有变异，自然选择就成了无米之炊；其次，自然选择的进程十分缓慢，一个人在有生之年很难观察到明显的变异现象，而在家养状态下变异却易于观察。从人们所熟知的家养状态入手，类比自然界中不易被人观察的变异，是达尔文的高明之处。

人类总是在家养动植物的各种变异中刻意选择对自己有利的个体，通过积累培育出新品种。这使达尔文联想到自然界也有类似的过程，只不过人工选择的作用是使家养动植物根据人类的需要和喜好而发生结构或习性的适应，而自然选择的作用则是使生物适应自身的生存环境。

人工选择所能产生的改良程度远远超乎人们的想象。达尔文认为 20 多个品种（注意这里不用物种）的家鸽全部是从野生岩鸽培育而来的。如果告诉鸟类学家这些都是野鸟，恐怕它们都会被归为不同的种，甚至不同的属。

## 家养变异及变异的原因

在历史悠久的家养动植物中，当我们对比同一变种或亚变种的诸个体时，最先注意到的一个要点是：它们彼此间的差异往往比自然界中任何物种或变种诸个体间的差异还要大。思索千百年来在迥异气候和待遇下发生变异的家养动植物的巨大多样性，我们可以认为：变异性大只是因为家养品种生活环境各异，不像它们的祖先种所处的自然环境那样单一。生物在新生活环境中历经数代才能产生可察觉的变异，而且一旦开始变异，通常会在许多世代中持续变异。可变异生物在家养状态下停止变异的例子尚未见于记载。直到现在，最古老的作物和家畜仍能快速产生新变种，或者发生改良和修改。

无论变异的原因是什么，这些原因起作用的时间到底是在胚胎发育的早期、晚期，还是受孕时刻呢？老圣提雷尔的试验表明，对胚胎的非自然处理会导致畸形；而畸形和变异之间并没有清晰的界限。但我倾向于认为：变异最经常的原因是，雌雄生殖元素在受孕之前受到过影响。我们都知道，圈养或栽培会对生殖系统的功能产生显著影响。看来对于生活环境的任何变化，生殖系统远比生物体的其他部分更易受影响。没有什么比驯养一只动物更简单了，但要让它在圈养状态下自由生育却难上加难；有许多栽培植物表现出极其旺盛的生命力，却很少或从不结籽！在少数这样的例子中发现，非常微小的改变往往会决定植株能否结籽。一方面我们看到，家养动植物虽然经常弱而多病，却能在圈养状态下自由生殖；另一方面，有些动物个体，虽然在幼时就被捕获，完全驯化并且健康长寿，却因为未知因素严重影响了生殖系统而不能正常生育。动物在圈养情况下，生殖系统虽然能发挥作用，但功能不正常，产生的后代和亲本不甚相似或者不同，也就不足为奇了。

“芽变植物”指的是，和植株的其他枝芽相比，一个单独的芽或枝突然表现出一种新的、有时是完全不同的特征。这种芽可以通过嫁接等方法来繁殖，有时也能通过种子来繁殖。“芽变”在自然界中极少发生，但在栽培状态下并不罕见。由此可见，对亲本的处理影响的是芽或枝，而非胚珠[①]或花粉。大多数生理学家认为，在形成阶段早期，芽和胚珠并无实质区别。所以“芽变”其实支持了我的观点，即变异的主要原因很可能是，亲本在受粉之前所受到的处理影响了胚珠或花粉（或两者）。

有时，从同一果实长出的秧苗或同一窝幼崽彼此也有明显差别，但亲代和子代的生活环境完全相同，这表明与生殖律、生长律和遗传律相比，生活环境的直接影响是多么不重要。否则，如果一个幼体出现变异，所有其他幼体也会发生同样的变异。我们很难判断在任何变异中，热、湿、光、食物等的直接作用有多大，看来这些环境因素对动物影响很小，但对植物影响较大。当生活在某种环境条件下的所有或几乎所有个体以相同方式受到影响时，乍一看变化似乎与这种条件直接相关，但有时完全相反的条件也能产生同样的结构变化。或许可以将某些微小变化归因于生活条件的直接作用，如食量有时能决定个体的大小，特定食物和光照能决定个体的颜色，气候有可能决定毛皮的厚度等。

习性也具有决定性的影响，例如，植物被移至另一种气候下，花期会相应改变。习性对动物的影响更加显著，例如，就占整副骨架的

① 指位于雌蕊子房内的大孢子囊，与小孢子囊（花粉）结合，受精后发育成种子。

比例而言，家鸭同野鸭相比，翼骨较小而腿骨较大。我推想，这是因为家鸭和野生亲本相比，飞得少、走得多。因使用而产生影响的另一个例子是，有些地区对母牛和母山羊挤奶，有些地区不挤奶，挤奶地区母兽乳房发育得更大，并且可以遗传给后代。任何一种家养动物总免不了在某地出现垂耳品系，有些作者提出：这些动物很少因遭遇危险而受到惊吓，耳朵下垂是耳肌不被使用的结果。

支配变异的法则有很多，这里只稍微说一下所谓的“相关生长律”。胚胎或幼体的任何改变几乎都会导致成体的改变。在畸形生物中，各个部位之间的关联非常奇妙。育种家们相信，长肢个体几乎总是长着细长脑袋，蓝眼猫总是耳聋。颜色和体质特性相匹配的古怪例子在动植物中能举出很多。在某些植物毒素的作用下，白羊、白猪与其他颜色的羊、其他颜色的猪所受的影响不同；秃毛狗总是牙不好；据说长毛兽和粗毛兽倾向于角长或角多；毛脚鸽外趾间有皮膜；短喙鸽脚小，长喙鸽脚大。神秘的“相关生长律”使人在不断选择和积累某种特性时，不可避免无意中改变生物结构的其他部分！

风信子

风信子科风信子属多年生草本。基生叶质厚，披针形，花钟状，有红、黄、白、蓝、紫各色，花期3～4月

这些完全未知或只有模糊认识的变异法则产生了无限复杂、无限多样的结果。几种古老栽培植物（如风信子、马铃薯、大丽菊等）的各种变种和亚变种在结构和体质上表现出的无数细微差异着实令人吃惊！生物体的所有部分似乎都有轻微背离亲本类型的倾向。

不遗传的变异对我们来说没有研究价

值，但可遗传的结构差异的数量和多样性多得数不胜数。没有一位育种家会怀疑遗传倾向之强，“物生其类”是他们的基本信条。当显然处于同一环境的个体由于某些因素的异常组合而出现十分罕见的（例如概率是 700 万个体中有 1 个）偏差，这些偏差又在子代中再现时，如此奇缘巧合几乎就会促使我们把这种“再现”归因于遗传。想必所有人都听说过白化病、刺皮、毛身等病症出现在同一家族多位成员身上的情况。如果奇怪和罕见的结构差异果真是遗传的，也就可以坦率地说，不大奇怪的、较常见的偏差也是遗传的。或许研究这个问题的正确思路是，把对所有性状[①]的遗传都看作是规律，而把不遗传看作是例外。

支配遗传的诸法则完全不为人所知。没有人知道，为什么同一物种诸个体间，或不同物种诸个体间的同一特性有时候遗传，有时候不遗传；为什么子代经常重现祖父母或更久远的祖先的某些性状；为什么有些特性的遗传和性别有关联。我相信一条非常重要的规律：一种特性不管在哪个龄期初次出现，都倾向于在相应龄期的后代身上出现，但有时候会更早。例如，牛角的遗传特性只出现在后代接近成熟的阶段，蚕的特性出现在后代的毛虫期或结茧期。遗传病和其他一些事实使我相信，这条规律有更广的适用范围。我认为它对解释胚胎学的法则极为重要。

博物学家们经常说，家养变种回归野生状态后，必定会逐渐恢复原始种的性状。有人因此说，不能拿家养品种的情况推演野生物种。我曾竭力寻找支持这么多人大胆提出上述说法的决定性事实，但徒劳无功。要证明这个结论的正确性恐怕很难：我们姑且可以稳妥地认为，绝大多数特征显著的家养变种无法生存在野生状态下。在许多时候，我们不知道原始种是谁，所以不能判断它们是否发生了近乎完全的返祖。要排除杂交的影响，只能把一个变种放归野外。无论如何，家养

① 指生物或者种群的任何可识别的形态、生化、生理、行为、生活史等特征。

变种的确偶尔会恢复祖先类型的某些性状，我认为这并非不可能——如果我们能在许多世代中成功地将甘蓝的几个品种栽培到贫瘠的土壤中，它们能在很大程度上或完全恢复到野生的原始种状态。不论这个试验是否成功，对于我们的讨论都没有太大的意义——因为试验本身改变了生活条件。如果能表明在以下条件下我们的家养变种仍能呈现强烈的返祖趋势，即失去它们已获得的性状——在生活条件不变的情况下，养育足够多的个体，使其杂交子代间自由交配通过相互融合防止结构上出现微小偏差——我将承认我们不能从家养变种推演物种的情况。但并无支持这种观点的任何证据！断言我们不能将各种家禽、家畜和作物繁殖无数世代，将有悖于我们的所有经验。

## 家养族的单起源和多起源

如前所述，家养族在性状一致性方面通常不如真种。同一物种的家养族也经常会有某种怪异的性状。我的意思是：虽然它们彼此之间以及和同属其他种之间在若干方面只有很小的差异，但常常在某一部位具有非常极端的差异。这种情况不但出现在我们比较这些家养族时，更特别的是出现在我们比较它们和自然态下的所有最近似物种时。除了这些怪异性状（以及将在后文中讨论的"变种间杂交完全能育"）之外，同一物种各家养族之间和自然态下同属各近似种之间在差异的表现形式上是一样的。在动物和植物的家养族中都曾出现过一些权威人士认为是变种，而另一些权威人士认为是传衍自原本不同的物种的情况。如果家养族和物种之间存在显著差异，就不会总是反复出现这样的两难情况了。人们常说，家养族彼此间在性状上的差异达不到属级。我认为，这种主张很难成立；博物学家们在判定哪些性状具有"属级意义"的时候，意见大相径庭；目前所有评估都是经验性的。并且，根据我下面谈到的对"属的起源"的看法，我们不该奢望能经常从家养品种中找到"属级水平"的差异。

在试图估计同种家养族之间结构差别大小的时候，我们立即陷入了困惑——不知道它们传衍自一个祖先种，还是几个祖先种。如果这个问题能解决，将是一件非常有趣的事。例如，如果能表明纯种繁殖

灵猩
一种身细腿长的猎犬，以奔跑速度快著称，被用于追逐野生的狩猎动物，尤其是野兔

的灵猩、大猎犬、狸、猹和斗牛犬都是同一物种的后代，那么我们将有充足的理由质疑生存于世界各地的许多近缘天然物种（如多种狐狸）的“不变性”。我不相信所有狗都是从一种野生物种传衍下来的，但对于其他家养族，却有强有力的证据支持这种观点。

人们通常设想，用于驯养或栽培的动植物都有非凡的内在变异倾向，并能耐受各种气候。但是，野蛮人在着手驯化一种动物的时候，怎么可能知道它会在后续的世代中发生变异和能忍受别种气候呢？驴和珍珠鸡变异性不大，驯鹿不耐热，普通骆驼不耐寒，难道这些阻止它们被驯养了吗？我相信，如果野蛮人从自然界中取来的是其他一些动植物，它们在数量、分类和产地上与现在的家养品种基本一致，则在家养条件下繁殖同样多世代之后，平均而言，它们产生的变异将与现有家养品种的祖先种一样多。

历史悠久的家养动植物是传衍自一个物种，还是几个物种？这个问题目前得不到确切答案。认同家养动物多起源的人主要依据：在最古老的记载中（特别是在埃及石碑上），家养动物品种丰富，有些品种与现生品种非常相似，甚至可能完全相同。即便果真如此，除了能说明某些家养动物品种是四五千年前从埃及起源的之外，还能说明什么呢？那么在四五千年之前呢？谁敢妄言在更古老的时期，埃及就不可能存在拥有一只“半驯化的狗”的野蛮人，就像火地岛和澳大利亚土人一样？

从地理等方面考虑，我认为家犬很可能传衍自几个野生种。关于山羊和绵羊，我还没有形成明确的意见。从布莱思先生对印度瘤牛的习性、叫声和体质等的描述中可以看出，它们的原始种和欧洲牛的不同。几位权威人士认为，欧洲牛有不止一个野生亲种。关于马，我倾向于推测所有家养马都传衍自一个野生种。学识渊博的布莱思先生认为，所有品种的鸡都源自普通的印度野生鸡（*Gallus bankiva*，原鸡）。鸭和兔的各个品种虽然在结构上存在显著差异，但是我认为它们都传衍自普通的野鸭和野兔。

印度瘤牛

哺乳纲牛科牛属家畜，原产印度。脖子上方有一个硕大的牛峰，像一个大瘤子，喉部的松肉皮延长为肉垂，直至腹部

原鸡（雄）

鸡形目雉科原鸡属的一种，为家鸡的原祖。雄性羽色鲜艳，雌性上体大部黑褐色。栖息于热带和亚热带山区的密林中，主要以植物的果实、种子、嫩竹、树叶、各种野花瓣为食

一些作者把某些家养族起源于多个原始种的理论发挥得荒谬绝伦。他们认为所有纯种繁殖的家养族，不管在性状上的差异多么微小，都各有野生原型。照此说来，仅在欧洲，就存在过不下 20 个野牛种、20 个野绵羊种和若干野山羊种，甚至在大不列颠一地就有好几种。要知道现今英国几乎没有一种哺乳动物是特有种，法德两国只有很少几种哺乳动物有差别，匈牙利和西班牙等国的情况也是如此，但这些国家都拥有牛、绵羊等的好几个特有品种。我们必须承认许多家养品种起源于欧洲：如果这几个国家没有这么多特有种作为它们各自的祖先种，这些家养品种还能源自哪里呢？印度的情况也是如此。我完全赞同，

全世界的家犬品种可能是从几种野生种传衍下来的，我毫不怀疑它们经历了大量的遗传性变异。谁能相信与意大利灵缇、大猎犬、斗牛犬或布莱尼姆猶犬（和野生犬科动物大不相同）等极为相像的动物曾在自然状态下自由生存过？常听到有人轻率地说，所有品种的狗都是由少数几个原始种杂交产生的；但是，杂交只能让我们得到某种程度上介于两个亲本之间的类型。如果要用杂交来解释这几种家犬，就必须承认意大利灵缇、大猎犬、斗牛犬等极端形态曾在野生状态下存在过。此外，通过杂交制造不同品种的可能性被过度夸大了。无疑，通过偶然杂交并借助于对具有所需性状的混种进行仔细挑选就有可能改变一个品种，但是很难相信我们能从两个非常不同的品种或物种获得接近中间类型的品种。约翰·西布赖特爵士特意为此做过试验，结果失败了。两个纯种第一次杂交产生的后代还算均一，有时候非常均一（我发现鸽子的情况就是这样），一切看起来很简单。但混种杂交几个世代之后，就很少能拣出两个彼此相像的后代了。当然，要成功地得到两个区别很大的品种的中间品种，必须长期进行极为细致的选择。在文献记载中，我找不到任何一例通过这种途径形成的永久品种。

布莱尼姆猶犬

## 家鸽的品种

研究特殊类群往往是最好的办法，经过深思熟虑，我选择了家鸽。我收集了所有能买到或求得的品种，并从其他一些国家得到了别人惠赠的鸽子皮。关于鸽子的论文很多，用各种语言写成的都有，其中一些年代久远的文章非常重要。鸽子品种多得惊人。比较英国信鸽和短面翻飞鸽，可以看到喙的奇特差异使头骨出现了相应的差异。信鸽，尤其是雄性，肉冠特别发达，因此眼睑极大地拉长，外鼻孔非常大，喙张开的角度很大。从外形上看，短面翻飞鸽喙的形状很像雀科鸣鸟；普通翻飞鸽有一种严格遗传的奇怪习性——高空密集群飞，头尾颠转翻筋斗。大种家鸽体形巨大、喙粗长、足大，某些亚品种生有很长的颈，另一些生有长翅和长尾，也有尾巴特别短的。巴巴里家鸽和信鸽接近，但前者的喙又短又宽。球胸鸽的身体、翅膀和腿都很长，嗉囊异常发达，得意的时候，嗉囊

家鸽的 6 个品种

1. 扇尾鸽　2. 球胸鸽　3. 毛领鸽
4. 岩鸽　　5. 翻飞鸽　6. 鹰头鸽

胀得令人惊异甚至发笑。浮羽鸽的喙很短，呈圆锥形，胸下有一道反毛，这种鸽有不断微微扩展食道上部的习性。毛领鸽的羽毛沿着颈背翻转，呈围巾状；与身长相比，翅羽和尾羽显得格外长。帚鸽和笑鸽发出的咕咕声与其他品种很不一样。扇尾鸽的尾羽有 30 支甚至 40 支，而不是鸠鸽科大家族其他成员的正常数目 12 支或 14 支。这些尾羽总是保持展开，而且高高地竖着——优良个体能做到头尾相触。这类鸽子尾脂腺严重退化。还能举出一些差异比较小的品种。

就骨骼而言，上述几个家鸽品种的面部骨骼在长度、宽度和曲率上都有巨大差别。下颚支骨的形状、宽度和长度有显著的差异。尾椎骨数和荐椎骨数不同，肋骨的数目、相对宽度和有无突起也存在差异。胸骨孔的大小和形状有较大差异，叉骨两支分开的角度和相对大小也差别很大。易于发生变异的结构还有：口裂的相对阔度，眼睑、鼻孔和舌的相对长度，嗉囊和上部食管的大小，尾脂腺的发育或退化，第一列翅羽和尾羽的数目，翅、尾的相对长度以及它们占鸽子身长的比例，腿和足的相对长度，趾上角质鳞片的数目，趾间皮膜的发育程度等。羽毛长齐的时间不同；雏鸟刚破壳时所被绒羽的状态也不同。卵的形状和大小不同；飞行姿态差别较大；某些品种的叫声和性情相差很大。还有一些品种，雌鸟和雄鸟之间也略有不同。

至少可以挑出 20 种鸽子，如果告诉鸟类学家这些都是野鸟，我想它们一定会被归为界限明确的不同物种，甚至会被分到不同的属。

尽管家鸽品种间的差异非常大，但我完全相信博物学家们的普遍看法，即它们都是从岩鸽（*Columba livia*），包括岩鸽这个名称所覆盖的几个地理宗[①]或亚种，传衍下来的。理由如下：如果这几个品种不是

① 指种内在地理分布上各有其不同的区域，在形态上又有一定区别的类群。分类学上通常把地理宗定为亚种，即地理亚种。

从岩鸽传衍而来的变种，那么它们就必然传衍自不少于七八个原始种；因为数目小于七八个的话，就不可能通过杂交产生这么多家鸽品种了。例如，除非球胸鸽的祖先种之一生有巨大的嗉囊，否则如何通过杂交得到球胸鸽呢？所有家鸽的假定原始种必定都是岩鸽，也就是说，它们既不在树上繁殖，也不喜欢在树上栖息。但除最原始的岩鸽和它的地理亚种之外，只有两三个其他岩鸽物种为我们所知。这些物种都不具备现有家鸽品种的任何性状。于是，关于原始种，只存在两种可能：或者它们还生活在最初被驯养的地区，唯不被鸟类学家所知而已——就这种鸟的大小、习性和特有性状而言，这几乎不可能；或者野生状态的原始种已经灭绝。不过，繁衍于悬崖上的善飞鸟是不太可能灭绝的。和家鸽习性相同的普通岩鸽仍栖息于几座不列颠小岛和地中海沿岸，所以我认为，假定这么多和岩鸽习性相似的物种已经灭绝是非常草率的。并且，上述几个家鸽品种已经被引入世界各地，某些品种一定被带回了自己的原产地，很少有哪个品种恢复野性。最近的试验都表明，要想让任何一种野生动物在家养情况下自由繁殖是很难的。但如果认可家鸽的多起源假说，就必须设想至少有七八个物种曾在古代被半开化的人完全驯化，并且在圈养下也能大量繁殖。

上述家鸽品种虽然在体质、习性、叫声、颜色和结构的大多数方面都与野生岩鸽大体一致，但在结构的另一些方面却极为异常。在整个鸠鸽科大家族中，找不到英国信鸽、短面翻飞鸽或巴巴里家鸽那样的喙，也找不到毛领鸽那样的倒羽毛、球胸鸽那样的嗉囊、扇尾鸽那样的尾羽。那么，按照家鸽的多起源假说，我们就必须假定，半开化的人不但成功驯化了好几个物种，还特意或偶然选出了非常奇异的物种；而且这些被选的物种从

**野生岩鸽**

鸽形目鸠鸽科鸽属的一种。头、颈暗青灰色，两翅折合时有两道明显的黑色横带斑。栖息于有岩石和峭壁的地方，喜食玉米、高粱、小麦等

此彻底灭绝，或不再为人所知。我认为，这么多奇怪的意外事件绝不可能同时发生。

关于鸽子羽色的几个事实很值得我们注意。岩鸽呈石青色，尾部白色；尾端有一道暗色的条带，外层尾羽的基部边缘呈白色；翅膀上有两条黑带；一些半家养品种和一些纯种繁殖的野生种除了这两条黑带之外，翅膀上还有黑格子条纹。这几种标记不会同时出现在鸠鸽科的任何其他物种中。但在所有家鸽品种中，只要是良种，上述所有标记，甚至包括外层尾羽的白边，都有可能同时发育。并且，两只不同品种的鸽子杂交，虽然都不具有青色，也没有上面提到的任何一种标记，但混种后代却非常有可能突然表现出这些特征。例如，我用纯白色的扇尾鸽和纯黑色的巴巴里家鸽进行杂交，得到了有棕色杂斑的鸽子和黑色的鸽子。再将它们杂交，则孙辈中出现了一只和野生岩鸽一样呈美丽的蓝色、白尾、翅膀上有两条黑色条带、尾羽有条纹和白边的鸽子！如果所有家鸽品种都是从岩鸽传衍下来的，那么用著名的“返祖律”就能解释这些事实。否则，就必须接受以下两个匪夷所思的假定中的一个：一是假想的所有原始种都具有和岩鸽一样的羽色和标志（事实上没有一个现生种具有这样的羽色和标志），因而每一个家鸽品种都存在重现这种羽色和斑纹的倾向；二是每一个品种，即便是最纯的，都在 12 ~ 20 代内曾和岩鸽发生过杂交。在某品种和另一不同品种只发生一次杂交之后，随着世代推移，外来血统被逐代冲淡，所以后代重现由这次杂交获得的任何性状的倾向自然会越来越小；但如果不曾杂交过，则在这个品种中就会存在一种重现前面若干代丢失性状的倾向，我们发现这种倾向有可能会毫不衰减地遗传到无数代，这同杂交的情况正好相反。

最后要说的是，所有家鸽品种杂交产生的杂种或混种都是完全可育的。这个结论是从我特意针对差异最大的品种所做的观察中得到的。

极难或根本不可能举出两种明显不同的动物在杂交后产生完全可育后代的例子。某些作者认为，长期家养消除了强烈的不育性倾向。从家犬的历史来看，我认为，对于近缘物种来说，上述假说有一定可能性，但尚无实验能支持这个假说。然而，如果把这个假说扩展到猜想原始种是像目前信鸽、翻飞鸽、球胸鸽和扇尾鸽这样差别显著的物种，它们之间还能产生完全可育的后代，在我看来是极端鲁莽的。

所有家鸽品种都传衍自岩鸽及其地理亚种的理由还包括：第一、岩鸽在欧洲和印度都可以被驯养，并且在习性和大量结构要素上同所有家养品种一致；第二、虽然和岩鸽相比，英国信鸽和短面翻飞鸽在某些性状上差别很大，但通过对比这些品种的几个亚品种，我们可以在若干极端结构之间摆出一个几近完美的序列；第三、每一品种最具区别性的性状在每一品种中也最易发生变化，在谈到“选择”之后，这一点很容易得到解释；第四、鸽子作为一种观赏动物受到众人的精心呵护，在世界各地已经被驯养了几千年。鸽子的配偶终生不变，所以不同品种的鸽子可以同舍混养，这非常有利于同时培养不同的品种。

刚开始研究鸽子时，发现几个品种的鸽子严格进行纯种繁殖令我很难接受它们源自同一共祖的观点，就像博物学家们无法接受“自然界的诸多雀科鸣鸟，或鸟类中其他一些大的类群，都源自同一祖先”这种观点一样。所有我能接触到的动植物育种家之所以都坚信，他们养育的品种传衍自许多原本不同的物种，是因为长期的研究让他们对这几个品种之间的差别印象深刻。虽然他们知道每一个品种都会有略微不同（能拣出这些细小差别的人会得到奖金），但是他们却无视总体的效果，拒绝考虑这些微小差异是在许多连续世代中积累下来的。博物学家对遗传律和世系传衍中间环节的了解远远比不上育种家，为什么前者也认为许多家养品种各有其祖呢？当他们嘲笑“自然状态下的物种是其他物种的直系后裔”这一观念时，难道不应该先上一上“谨慎”这一课吗？

## 人工选择及效果

现在让我们简要讨论一下家养品种从一个或几个近缘物种产生的步骤。或许可以将一小部分效果归因于外界生活条件的直接作用，一小部分效果归因于习性。但是，是什么因素导致了拉车马和赛马的不同？是什么因素导致了灵猩和大猎犬的不同？又是什么因素导致了信鸽和翻飞鸽的不同呢？如果说是因为外界环境和习性，那就未免太大胆了。

川续断草

川续断科川续断属二年生或多年生草本。茎中空，茎生叶稀疏。头状花序球形，花冠淡黄色或白色，花期 7 ~ 9 月。生于溪沟边、林缘、草丛或路旁

家养族最显著的特征是：它们产生适应并非为了自身的利益，而是为了满足人类的需要或喜好。有些对人类有用的变异可能会突然发生，或者只经历一个步骤就发生。例如，很多植物学家认为，带刺钩的起绒草只是川续断草的一个变种，而这种变化有可能是在一株秧苗上突然发生的。转叉狗很可能也是这样。但是，当我们比较拉车马和赛马、单峰驼和骆驼、羊毛用途各异的绵羊品种时，当我们比较不同品种的狗（每一种都能给人类带来某种好处）时，当我们比较好战的斗鸡和脾气平和的鸡时，当我们比较在不同季节对人类有不同作用或者令人赏心悦目的农作物、蔬菜、果木和花卉时，我想，我们不应只看到变异性，

还应该看得更远。我们不能认为所有这些品种都是一蹴而就的，一经形成就像今天看到的样子那么完美和实用。关键在于人类的不断选择——自然界提供连续的变异，而人类循着对自己有用的方向进行积累。就这个意义而言，可以说人类为自己制造了有用的品种。

选择原理的伟大力量并非臆想。几位杰出育种家甚至在有生之年就显著改善了某些牛羊品种。他们习惯于认为动物机体具有极强的可塑性，可以随心所欲地塑造。比任何人都更通晓农学著作的尤厄特说，选择原理“使农学家不仅改变了畜群的性状，而且让牲畜发生了彻底的改变，就好像魔法师的魔杖，能召唤来任何形态和模式的生物”。萨默维尔勋爵说，育种家培育羊“就好像他们用粉笔在墙上画了一个完美的形体，然后赋予它生命”。约翰·西布赖特爵士在谈及鸽子时提到，“用三年时间就能培养出任何想要的羽毛，但要塑造特定的头和喙则需要六年。”

英国育种家的成就可以用良种动物的高昂价格来证明，现在这些动物已经出口到世界各地。通常情况下，改良绝不可能来自不同品种之间的杂交；优秀的育种家都强烈反对这样的杂交——除了有时在近缘亚品种之间进行杂交之外。当进行杂交的时候，必须做出比普通情况更严密的选择。选择原理的重要性在于，通过在连续世代里朝某一方向积累微小差异从而产生巨大的效果。未经训练的“肉眼凡胎”绝对看不见这些“微小差别”。杰出的育种家需要火眼金睛、明智善断以及不屈不挠的终身追求，这样的人何止千里挑一。

园艺家也遵循同样的原理，但他们处理的变异往往是突然的变化。没有人认为我们选择的生物仅由原始种经过一次变异产生，我们有保留了确切记录的例子可以证明，事实并非总是如此。比较今天许多花匠种的花和二三十年前绘画作品中的花，我们会发现改进的量令人惊异。

对于植物，有另一种方式来观察选择的积累效果——在花园里，比较同种不同变种的花的多样性；在菜园里，比较叶、荚、块茎或其他有价值部分的多样性，再结合比较相同变种的花；在果园里，比较同种的果实的多样性，再结合比较同一组变种的叶和花。看看甘蓝的叶子是如何大不相同，而花又是何其相似；三色堇的花大相径庭，而叶又极其相似；不同品种醋栗的果实在尺寸、颜色、形状和茸毛方面区别很大，但花只有微小区别。在某一点上差异很大的变种未必在其他各点上就没有差异。“相关生长律”的重要性不容忽视，正是它决定了差异的出现；但是，通常来说，我毫不怀疑对叶、花或果上微小变异的持续选择将培育出主要在这些性状上彼此不同的品种。

选择原理远非现代发现。我可以用古书中几条引文说明，那时人们就已经完全认可了这条原理的重要性。在英国历史上的半开化时代，人们经常进口良种动物并立法禁止出口这样的动物。像园丁拔除劣种一样，身材小于某一尺寸的马会被勒令杀掉。我在古代中国的一部百科全书上曾找到过有关选择原理的明确记载。某些古罗马作者清楚地拟定了选择的规则。从《创世记》的某些段落中可以清楚地看到，早在那个时代，人们就已经在注意家养动物的颜色。直到现在，野蛮人有时还会用自己的狗和野生犬科动物杂交以改良品种；普林尼[①]指出，古代野蛮人也是这么做的。南非洲的野蛮人根据挽牛的颜色进行配种，一些爱斯基摩人（现称因纽特人）也这样对狗进行配种，从未接触过欧洲人的非洲内陆黑人非常珍视好的家养品种。虽然有些例子并没有涉及人工选择，但它们都表明，古人和现在最低等的野蛮人[②]都很重视对家养动物进行育种。优劣品质的遗传是这样明显，如果不曾被人注意，那才是咄咄怪事！

① 23—79，古罗马作家，有哲学、历史、修辞学等多种著作，今仅存一部百科全书式著作《博物志》（37卷）。

② 达尔文并无贬义，只是从一个观察家的角度说明，当时南美或澳大利亚等地土著的文明程度不及英国，其实“野蛮”在这里是“原始”的意思。

## 无意识的选择

现在，杰出的育种家采用系统的方法进行选择，目标明确地要获得一个超越所有品系的新品系或亚品种。但是，就我们的讨论而言，更重要的是一种被称作“无意识”的选择行为，因为每个人都试图获得最佳动物个体并进行繁殖。比如，有意驯养指示犬的人，自然会尽力得到良种狗，然后用所拥有的最好的狗与它交配，但他并无意愿永久地改变这个品种。当然我不怀疑这个过程持续几百年之后会改良或改变某一品种。贝克韦尔、科林斯等人就是利用这样的途径，只不过方法更系统，甚至在有生之年就使他们的牛在形态和品质上大为改善。这种变化慢得难以察觉——除非相关品种在很久以前曾被认真测量，或仔细描画以资比较，否则不会有人认识到这种变化。某些情况下，在文明不发达地区可能会有同一品种未改变的个体或改变很小的个体，因为那里的品种改进很小。有理由相信，自查尔斯王统治以来，查尔斯王猎已经在很大程度上被无意识地改变。英国指示犬在 18 世纪也发生了重大变化，据信主要由与猎狐狗的杂交所致。请注意，虽然这种变化效应是无意识的和逐渐的，但却非常有效。

通过相似的选择过程并辅以认真的训练，英国赛马已经在速度和身材上超越了祖先种阿拉伯马。与该地区的原种相比，英格兰牛的体重有所增加、成熟期有所提前。对比有关信鸽和翻飞鸽的古老论文与现在生存于英国、印度、波斯（今伊朗）的这类品种，我们可以清楚地追踪它们在不知不觉中经历的各个阶段，以至于最终变得与岩鸽非常不同。

莱斯特羊

原产英格兰的莱斯特郡，由罗伯特·贝克韦尔（1725—1795）培育而成

关于无意识选择产生的效果，尤厄特给出了一个绝好的例证。贝克韦尔先生将历经50余年时间从原始种纯种繁殖下来的一群莱斯特羊分给巴克利先生和伯吉斯先生。两位牧主都没有对贝克韦尔先生的羊进行混血，也无意养成独特的品系。但传至今日，这两位先生的羊差别之大，从外观上看就像是两个完全不同的变种。

即使未开化的野蛮人从不注意家养动物后代的遗传性状，但只要他们在发生饥荒或其他不测时，小心地将对自己有特殊用处的任何一种动物保留下来，那么，在这种情况下被选择的动物通常会比劣等动物留下更多的后代。这便是无意识的选择发挥作用的其中一个例子。就连火地岛的野蛮人也懂得珍视动物，在闹饥荒的时候，他们会首先杀死和吃掉老年妇女，认为她们的价值还不如狗。

对于植物，同样可以通过偶然保存最佳植株实现逐渐的改良。梨的栽培始于古典时代，但据普林尼记载，果实品质很差。我从园艺著作中看到，人们对园丁的神奇技艺惊讶不已，说园丁从如此劣质的材料中培育出了如此精美的结果。不过我毫不怀疑这种技艺其实很简单。最终结果几乎是在不知不觉中实现的。人们总是栽培最知名的变种，一代一代地遴选、栽培偶然出现的稍好一点儿的变种……在某种程度上，我们要感谢古代园丁无意识地选择和保存了从各处寻到的最佳变种，尽管他们从未想过这么做会给后人带来精良的水果。

就这样，栽培植物在不知不觉之间缓慢积累了重大的变化。我认为，这解释了一项众所周知的事实：对于花园和菜园中历史悠久的栽培植物，我们已辨识不出（因而不知道）它们的野生祖先种是谁。澳大利亚、好望角或者其他被野蛮人占据的地方，没能给我们提供一种值得栽培的植物。这并不是因为那些地区恰好没有可改良成有用植物的原始种，而是因为那里的土著植物没有被持续的选择，以达到古老文明国家的植物所达到的标准。

关于野蛮人所养的家畜，有一项事实不应忽视：至少在某些季节里，家畜要为自己的食物而争斗。在条件迥异的两个地方，体质或结构上微有差异的同种个体，常常在一个地方会过得比另一个地方好。因此，通过第四章详述的“自然选择”过程，就可能形成两个亚品种。这大概部分解释了某些作者所说的“野蛮人所养的变种比文明人所养的变种更具有野生种的性状”。

很显然，人工选择的重大作用在于使家养族根据人类的需要或喜好而发生结构或习性的适应。我认为，这也可以解释为什么家养族经常具有异乎寻常的性状，以及为什么家养族外部性状迥异而内部结构相对差异较小——因为人类最容易对外部可见的偏差进行选择，而很少注意内部结构。除非自然界提供某种轻微程度的变异，否则，人类永远无法进行“选择”。如果没有人看到一只鸽子的尾部在某种轻微程度上发育得不同寻常，就不会有人尝试去培育扇尾鸽；如果没有人看到一只鸽子的嗉囊大得异乎寻常，就不会有人尝试去培育球胸鸽。一种性状第一次出现的时候越变态、越不同寻常，就越能吸引人们的注意。不过，第一位挑选出尾部略大的鸽子的人绝不会想到，经过长期不断的选择，鸽子的后代会变成什么样子。

不要以为吸引养鸽人眼球的一定是比较大的结构偏差，他们对微小差异也能明察秋毫，珍视自家财物出现的点滴新奇变化是人类的本性。不过，微小偏差也可能被当作毛病，或被认为偏离了品种的“完美标准”而被抛弃。

这些观点进一步解释了时常被人提起的事实，即我们对任何家养品种的起源和历史一无所知。实际上，家养品种和方言一样，很难说是否存在明确的起源。人们保存和繁殖结构上出现轻微偏差的个体，或者格外用心地将它们与良种交配，并使改良后的动物逐渐散播到周边地区；但那个时候它们并没有受到广泛的重视，也没有被冠名，因此它们的历史湮没无闻。随着改良过程的缓慢推进，它们会散布得更广。当独特性和价值被人们认可的时候，可能才会先有一个地方性的名字。一旦价值得到充分认可，这个品种的特性就会随着无意识的选择过程而缓慢增加。赖于时尚的兴衰和各地居民文明程度的不同，这种增加可能会随着时代和地点的不同而不同。在如此缓慢、多变、不易察觉的变化过程中，相关记录能保存下来的机会微乎其微。

## 对人工选择有利和不利的情况

什么因素对人工选择有利？什么因素对人工选择不利？显然高度变异性很有利，因为它为选择提供了多样的原材料。当然，只要非常细心，依靠个体间的微小差异也足以在所希望的任一方向上积累大量的修改。但因为对人类有用或者能取悦于人类的变异只是偶尔出现，所以个体数量巨大将极大增加这两类变异的出现概率，数量是获得成功的不二法门。要培育某一物种的大量个体，就需要将它们置于有利的生活条件下，令它们自由繁殖。物种在个体稀疏的情况下，所有个体不论优劣都会被允许进行繁殖，而这将妨碍“选择”。但是，最重要的一点大概是，人类高度重视动植物的价值，以至于会密切注意每个个体品质或结构上的最轻微偏差，这是一切工作的前提。

对于雌雄异体动物，是否便于预防杂交是成功育成新品种的重要因素之一。在这方面，地理屏障发挥了作用，流浪的野蛮人或开阔平原的居民拥有的同一物种很少会超过一个品种。鸽子的配偶终生不变，这给养鸽人带来了福音，因为即便多个品种同笼混养，也能保证纯种繁殖，这种情况必然大大有利于改良和形成新品种。此外，鸽子可以大量、快速地繁殖，所以人们能毫无顾忌地淘汰劣鸽。相反，猫因为具有夜行特性而不易配种，虽然被妇孺珍爱，却很少能养成独特的品种，偶尔见到的独特品种几乎都来自海外（主要是岛屿）。虽然我承认有些家养动物的变异性逊于其他家养动物，但猫、驴、孔雀、鹅等缺少或不存在独特品种的原因恐怕在于选择尚未发挥作用。

## 总结家养品种的起源

现在对家养动植物品种的起源做一下总结。我相信，生活条件对生殖系统的作用在导致变异的原因之中具有最高的重要性。变异性的高低与遗传和返祖的程度有关。变异性被许多未知的法则所控制，尤其是“相关生长律”。有些变异可以归因于生活条件的直接作用，有些则必须归因于“用进废退”，于是最终结果就变得无限复杂了。在某些情况下，我不怀疑不同原始种的杂交（并辅以选择）在家养品种的起源方面扮演了重要角色。

我相信，在所有这些导致变化的原因中，选择的积累作用不论以更快捷的系统方式实施，还是以较缓慢但更有效的无意识方式实施，都是最突出的支配性力量。

# 第二章

# 自然状态下的变异

大家都知道，所有生物种类根据相像程度按层次进行排列——界、门、纲、目、科、属、种，相似的种归入一个属，相似的属归入一个科……以此类推，从最小的分类阶元（种）一直到最大的分类阶元（界）。但是为什么生物会有这么多层次，生物学家又是按照什么规则对生物进行分类的呢?

在这一章中，达尔文指出，当时人们对最小的分类阶元——（物）种的定义尚未达成一致。在神创论占绝对统治地位的时代，物种被认为是上帝一次独立创造行为产生的基元。试问，有谁知道上帝是按照什么规则进行创造的？这个定义显然什么都没说。

实际上，在确定一种形态应该被归入物种还是物种之下的变种这个问题上，分类学家的意见经常相左，所以才有争议形态。达尔文认为，其实物种与变种并没有本质上的不同，变种是新物种形成的前期准备，条件成熟后，一个物种的变种就会衍变成另一个新的物种。如果物种曾经作为变种存在，并且是由变种形成的，我们就能理解两者的类似；但如果每个物种是被独立创造出来的，我们就完全无法理解这种类似了。

## 个体差异

在把前一章所述的诸原理应用到自然界的生物之前，我们必须简短讨论一下自然界的生物是否会发生变异。在这里我不打算讨论人们给“物种”这个术语下的各种定义，到目前为止，尚没有一项定义被所有博物学家认可。不过，在谈及一个“物种”的时候，每一位博物学家都模糊地知道自己指的是什么。“物种”通常指一次独立创造行为产生的未知基元。同样很难定义的“变种”往往暗含“一脉相传”之义。还有所谓“畸形”，不过“畸形”逐渐混入了变种的范畴。我认为“畸形”指的是，某一部分结构出现了较大的偏差，这种偏差对物种有害或至少无用，因此不会遗传。某些作者用“变异”一词表示一种由所处非生物环境直接导致的修改，这种意义上的“变异”应该不可遗传。但是，谁能说波罗的海半咸水中的侏儒态贝类、阿尔卑斯山山顶的侏儒态植物，或者大北方动物的厚实毛皮在某些情况下不能遗传至少数代呢？我认为应该把这样的形态称为变种。

我们还发现有很多轻微差异可以被称为“个体差异”，如常见于同一对父母所生后代中的差异，或者因为常见于栖息在同一局限区域的同种个体上，所以被认为是同一对亲本所生后代之间的差异。这些个体差异非常重要，因为它们为自然选择的积累提供了原材料，就像人们在家养动植物中定向积累的个体差异一样。这些个体差异影响到的通常是博物学家所认为的“非重要部位”。但是，有大量事实表明，不论从生理角度还是从分类角度来看，有时同种诸个体的某些重要部位也会产生差异。应该记住，分类学家并不乐意在重要部位发现变异，也没有多少人会不辞辛苦地检查和比较同种许多个体的重要内部器官！我从不期待在同种昆虫诸个体中央神经节附近的主神经分支上出现变异，我本以为这种性质的改变只能慢慢达成。但就在最近，卢伯克先生提出，胭脂虫主神经的变异程度几乎可以与一根树干的不规则分枝相提并论。这位博物学家还发现，有几种昆虫的幼虫在肌肉上差别很大。有些作者在声称“重要器官从不变异”时陷入了循环论证，因为实际上他们把不改变的性状归入“重要的”之列。按照这种观点，当然找不到“重要部位”发生变异的例子；反之，则肯定能举出很多有关重要器官变异的例子。

胭脂虫（无翅为雌性，有翅为雄性）

胭蚧科胭蚧属的一种。原产于美洲，寄主为多刺的仙人掌。雌虫体内含胭脂红酸，可用来制造绯红（胭脂红）色染料

# 争议形态

与个体差异相关的一个难点令我非常困惑，即那些被称为“多变的”或“多形的”属，其中的各物种表现了过度的变异，因而在哪些形态应归为物种、哪些形态应归为变种的问题上，博物学家很少能达成一致。在植物中，可以举出悬钩子属、蔷薇属和山柳菊属的例子，昆虫类和腕足类也有几个属是这样。在大多数多形的属中，有些物种具有确定不变的性状。在一个地方为多形的属，似乎在其他地方也是多形的，只有很少的情况例外；早期的腕足类也是如此。上述情况很令人困惑，因为它们似乎表明这种变异性和生存条件无关。我猜测，这些多形的属呈现的变异位于对物种无用或无危害的结构点，因此自然选择无法选中及固定其形态。

这些形态在相当程度上表现出物种的特征。但是它们与其他一些形态太相似，或被中间形态太紧密地联系在一起，因此博物学家不愿意把它们单列为一个独立的物种。对我们来说，这些形态意义重大。我们

腕足动物

一类生有两枚瓣壳的海生底栖动物，如酸浆贝、海豆芽等。因为最初的命名者误认为腕足动物的腕上生有足，所以起了“腕足动物”这个名字，其实腕（纤毛环）只是腕足动物呼吸和摄食的器官。腕足动物自寒武纪初就已经出现，现在仅剩几百种

有充足的理由相信：在原产地，许多近缘的争议形态长久地保持着自身的性状，据我们所知，和真正的物种保持的时间一样长。一般来说，当一位博物学家能用具有中间性状的形态把另两种形态联系起来时，他就把其中一种作为另一种的变种。当然，即便两者能被中间环节紧密连接，有时也会发生不能判定是否应该把一种形态当作另一形态的变种的情况。不过，在许多情况下，一种形态被列为另一种形态的变种，并非因为果真发现了中间环节，而是因为观察者通过类推认为：或者中间环节确在某个地方存在，或者从前曾经存在过。于是，怀疑和猜测的大门就洞开了。

可见，在确定一种形态应该被归为物种还是变种的问题上，具有良好判断力和丰富经验的博物学家的意见是唯一可遵循的指南。但是，在很多情况下，博物学家们的意见并不一致。我们只能遵从大多数博物学家的意见。

毋庸置疑，具有这种争议性质的变种并不少见。比较分别由不同植物学家撰写的几部英国、法国或美国的植物志，就可以看到，争议比比皆是。我曾仰赖沃森先生为我标明了 182 种英国植物，这些植物现在被普遍认为是变种，但都曾被植物学家归为物种。在包含“多形的”形态最多的属之下，巴宾顿先生分出了 251 个物种，本瑟姆先生则只分出了 112 个——争议形态竟有 139 种。在每次生育都必须交配并且活动性很强的动物中，很少会在同一地区发现某形态被一位动物学家归为物种，而被另一位动物学家归为变种的情况；但这样的争议形态在隔离区域则很常见。在北美和欧洲，不知道有多少种差异非常小的鸟和昆虫被一位知名博物学家归为无疑的物种，却被另一位归为变种，或称地理宗！许多年以前，当两两对比加拉帕戈斯群岛（现称科隆群岛）的各座独立岛屿上的鸟，并把它们和美洲大陆的鸟进行比较时，我对物种和变种之间非常模糊和武断的区别感到震惊。甚至在爱尔兰岛也有几种动物曾被一些动物学家列为物种，现在却被多数人认为是变种。有几位经验丰富的鸟类学者只把英国红松鸡归为挪威种的一个特征显著的族，但更多的鸟类学家则确定无疑地把它归为大不列颠的特有种。两种争议形态的产地相隔遥远，遂令许多博物学家认为它们是不同的物种；但有人曾提出过一个有分量的问题——多远的距离才算远？如果说欧美之间的距离足够远的话，那么欧洲和亚速尔群岛、马德拉岛、加那利群岛或爱尔兰岛之间的距离是否足够远呢？必须承认，许多形态被某些权威人士鉴定为变种，但因为具有完全的物种属性，又被另一些权威人士鉴定为真正的物种。

在特征显著的变种或争议物种中，有许多例子非常值得考虑。为了确定它们的分类等级，人们从好几条有趣的路线展开讨论——地理分布、类似变异、杂交等。在这里我只举一个例子——莲香报春花（*Primula veris*）和高背报春花（*Primula elatior*）。这两种植物外表有显著差异，具有不同的香味，花期略有错开，产地也不同，它们生长在山脉的不同高度，有不同的地理分布范围。根据最细心的观察家格特纳多年来所做的大量实验，它们之间很难杂交——这恐怕是证明两种形态具有种一级区别的最佳证据了。另一方面，它们之间被很多中间环节联系在一起，很难说这些中间环节是不是杂种。在我看来，有大量实验证据表明，它们传衍自同一个祖先种，所以必须被归为变种。

在大多数情况下，经过仔细钻研，博物学家们就能对争议形态的分类等级达成共识。但是必须承认，在我们最熟悉的地区，所见到的争议形态也最多。令我惊讶的是：如果自然界中的任何一种动物或植物对人类非常有用，或者由于某种原因引起了人类的高度重视，则它的变种总是被发现有记载。并且，这些变种经常被一些作者列为物种。以普通栎树为例，虽然人们对这种树的研究已经很细致了，但一位德国作者竟从被多数人认为是变种的形态中区分出了十几个物种。在英

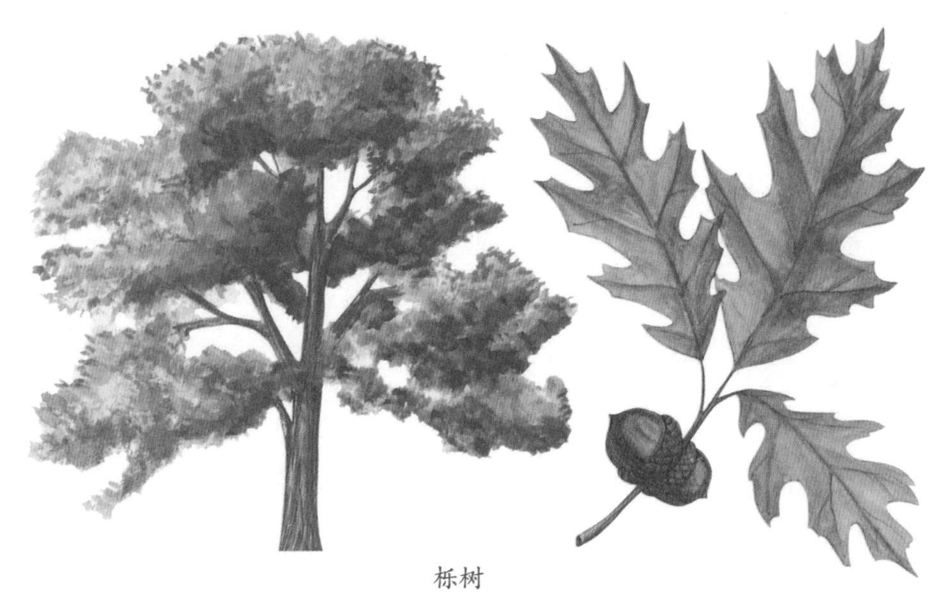

栎树

山毛榉科栎属植物的统称，又称橡树、栎、柞、槲。乔木或灌木，分布于整个北温带和热带高海拔地区。花单性，雌雄同株，果实成熟时外壳扩大，称为壳斗，包在果实外面

国，有些学者认为无梗栎树和有梗栎树是不同的物种，有些学者则认为它们仅仅是变种。

当一位青年博物学者开始研究一个陌生的生物类群时，他首先要面临的一个难题是：不能确定哪些差异是物种级差异，哪些差异是变种级差异，因为他不知道这个类群的变异量和变异性质。但是，如果他集中精力研究一个地区的一个种类，就能很快了解对大多数争议形态进行分类的方法。他的总体倾向是会划出许多物种。因为像前面所说的养鸽爱好者一样，他对眼前各种形态之间的差异印象极深，却对其他类群和其他地方的类似变异知之甚少，从而无法修正他的“第一印象”。随着观察范围的扩大，他会遇到更多的困难——大量的近缘形态。但如果他的观察范围进一步扩大，最后他通常能做到用自己的头脑判定物种与变种。他的成功以承认大量变异为代价，这种承认常常遭到其他博物学家的质疑。并且，当他研究来自目前已不连续的诸地的类似形态时，他面临的困难将达到极点——很难指望找到这些争议形态之间的中间环节，几乎要完全依靠类推的方法。

无疑，在物种和亚种（即博物学家们认为已经非常接近但还没有完全达到物种级的形态）之间，亚种和特征显著的变种之间，或者较不明显的变种和个体差异之间，还没有划出明确的界限。这些差异以一个不易察觉的序列互相融入彼此，这个序列给人留下确实存在过渡的印象。

虽然分类学家不太关注个体差异，但我认为个体差异极其重要，因为这是迈向形成轻微变种的第一步。我把特征较显著、较持久的变种看作是通向更显著、更持久的变种的步骤，从后者还会走向亚种乃至物种。这种从一个差异阶段过渡到另一更高差异阶段的情况，有时仅仅被归因于长期以来两地处于不同的非生物环境之下。但是，我对这种观点不太认可，我把变种从与亲本差异较小的状态过渡到差异较大的状态归因于自然选择在某一确定方向积累了结构差异。因此，我认为特征显著的变种可以被当之无愧地称为“雏形种”[①]。

变种或雏形种未必都能达到物种等级。它们有可能在雏形种状态就灭绝了，或者长期停留在变种阶段。

从上面的论述中可以看到，我眼中的“物种”其实是为了方便而给“一组紧密相似的个体”武断安上的名称，和“变种”并没有本质上的不同，“变种”是指差异比较少而波动又比较多的形态。同样，与单纯的个体差异相比较，“变种”一词的使用也很武断，只是为了方便才这么用。

---

① 现指处于成种过程，正在形成之中的新生物种。

## 大属中的物种类似于变种

从理论上考虑，我想到把几部编著完备的植物志中的所有变种列表整理出来，也许能得到有关变异最大物种的性质和关系的有趣结果。乍一看，这似乎是一项很简单的工作，但沃森先生和胡克博士先后说服我，这项工作困难很大。

德堪多等人曾指出，分布极广的植物一般都有变种，这在意料之中，因为它们暴露于不同的非生物环境之下，还要与各类生物进行竞争（后面我们将谈到，竞争是更重要的因素）。但我的列表进一步表明，在任何范围有限的地域，最常见的物种，即个体数目最多的物种和在自己的区域内分布最分散的物种（分布最分散与分布广泛不同，在某种意义上与“常见性”也有所不同），通常会出现特征足够显著以至于可以载入植物学著作的变种。因此，最欣欣向荣的物种，或称优势最明显的物种，最常出现特征显著的变种，或者我所称的雏形种。这种情况或许是可以预料的，因为变种要长期存在，就必须和同一区域的其他居民进行斗争。已然取得优势的物种最有可能产生这样的后代：虽有轻微修改，但仍然继承了其亲本赖以胜过其他生物的优点。

如果将植物志中记载的某地的植物等分为两个集合，一个集合放大属中的物种，另一个集合放小属中的物种，那么我们就会发现，在大属那边会有更多常见、分散或占优势的物种。这也是可以预料的，因为同属的许多物种栖息在一地这个事实本身就表明，该地的有机或无机环境中有一些因素对该属物种有利，我们也就可以期待，在这些大属（或称包含较多物种的属）里找到更高比例的优势物种。

既然物种只不过是特征显著、界限明确的变种，我猜测，各地大属中的物种将比小属中的物种更频繁地呈现变种，因为在大量近缘物种（即同属物种）形成的地方，通常也会有大量变种或“雏形种”正在形成。通过变异形成一个属下的许多物种的地方，其条件势必有利于变异，我们可以期待这些条件还将继续有利于变异。相反，如果我们把每一个物种都看作是特别创造出来的，就没有明显的理由来说明，为什么物种多的类群会比物种少的类群变种多。

为了验证上述预测，我把 12 个地区的植物及 2 个地区的鞘翅类昆虫分成两个大小差不多的集合：大属中的物种占一边，小属中的物种占另一边。结果总是证明，与小属一边相比，大属一边的物种呈现变种的比例更高。另外，大属物种所呈现的变种的平均数目总是多于小属物种所呈现的变种的平均数目。上述事实清楚地表明，变种是雏形种，而物种只不过是特征显著的永久变种。

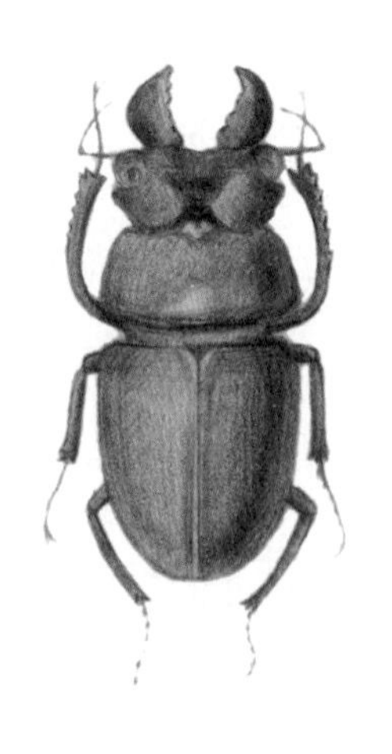

鞘翅目昆虫（通称甲虫）

鞘翅目是昆虫纲第一大目。该目昆虫一般体躯坚硬，有光泽。前翅角质，肥厚，无明显翅脉，称为“鞘翅”；后翅膜质，具少数脉纹。完全变态，约有 36 万种，如金龟子、天牛、龙虱等

在大属物种和大属物种中有记录的变种之间，还有其他关系值得注意。因为并没有可靠的标准来区分“物种”和“特征显著的变种”，所以在争议形态之间找不到中间环节的情况下，博物学家只能通过它们之间的差异程度来做决定——通过类推判断差异程度是否足以将一方或双方升到“物种”的等级。可见，差异程度在判断两种形态是物种还是变种时是一个非常重要的标准。现在，弗里斯指出在植物中，韦斯特伍德指出在昆虫中，大属物种之间的差异通常很小。我咨询过几位经验丰富的观察者，经过三思之后，他们都对上述意见表示认同。由此可见，大属物种比小属物种更像变种。也就是说：在大属中，有超过平均数目的变种或雏形种正在形成；许多已经形成的物种仍在某种程度上类似于变种，因为它们彼此间的差异小于通常状况。

此外，大属物种之间相互联系的方式与任一物种中各变种相互联系的方式相同。一个属中的物种一般会被归入不同的亚属，或者派，或者更小的类群。弗里斯说的好：一般来说，小群物种会像卫星一样环绕在其他物种周围。彼此之间关系不均等的变种不也环绕在某些形态（即它们的亲种）周围吗？毫无疑问，在变种和物种之间，有一条很重要的区别——变种之间的差异程度或变种与其亲种的差异程度要大大逊于同属诸物种之间的差异程度。在后文谈到“性状分异”原理时，会对这一点进行解释，并说明变种之间的小差异如何倾向于增长成物种之间的大差异。

在我看来，还有一点也值得注意：变种总是具有非常局限的生长范围。这个论断几乎是不证自明的，因为如果人们发现一个变种比它的假想亲种分布更广泛，那么它们彼此的“名号”就应该颠倒过来了。同样有证据表明，那些和其他物种非常近似以至于类似变种的物种，也经常具有非常局限的分布范围。例如，沃森先生为我标记了 63 种被精选版《伦敦植物志》（第四版）列为物种的植物，但是他认为，它们与其他物种太相似，所以在分类等级上有争议。沃森先生对大不列颠进行了分区，这 63 种公认物种的分布范围平均覆盖 6.9 个区。在这部植物志中还收录了 53 种公认的变种，分布范围为 7.7 个区，而这些变种所属的物种分布在 14.3 个区。可见公认的变种和极近缘的形态具有几乎一样的平均受限分布，后者就是沃森先生为我标注的争议物种，但英国植物学家普遍地把它们列为真正的物种。

从上述几方面来看，“大属物种”和“变种”之间存在强烈的类似。如果物种曾经作为变种存在，并且是由变种形成的，我们就能清楚地理解两者的类似。但如果每个物种是被独立创造出来的，就完全无法解释这种类似了。

我们也已经看到，平均而言，大属中最欣欣向荣和最占优势的物种发生的变化最多；我们将在后文中看到，变种倾向于转变成新物种。于是，较大的属就倾向于变得更大。统观自然界，目前占优势的生命形态倾向于更占优势，因为它们留下了许多经过修改而变得有优势的后代。但是，后文中会解释，经过某些步骤，较大的属也倾向于分裂成较小的属。于是，世间的生命形态就形成了群下有群的形式。

## 第三章

# 生存斗争

个体差异是自然选择的原材料，而生存斗争是自然选择得以起作用的重要途径。

生存斗争是达尔文进化论的基石之一，这一概念的形成归功于马尔萨斯的《人口论》。1838 年 10 月，达尔文偶然读到了这本小书。马尔萨斯在书中指出：生物的数量往往以几何级数增加，如果没有任何限制，其数量很快就会多得没有地方能容下。因此物种之间不可避免地存在生存斗争，马尔萨斯认为人类也是如此。他相信人的生殖能力很强，粮食供应赶不上人口增长，出生人数将多于最后生存下来的人数，能长大并延续生命的人一定是那些在生存斗争中表现得最好的人。

达尔文从《人口论》中得到启示，联想到进化是生存斗争中自然淘汰的结果，这种淘汰过程确保最强者或"最适者"能生存下来。

生存斗争包括三个方面：生物与环境之间的斗争、种间斗争和种内斗争。达尔文认为，在大多数情况下，环境（如食物和气候）是通过有利于一部分物种而间接起作用的，种间斗争和种内斗争才是决定个体数量的关键因素，尤其是后者——同类相残最为激烈。

"物竞天择，适者生存"是对达尔文进化论的高度概括，在生物界的确适用，但绝不能把这个理论简单地应用于文明社会。

## 生存斗争和自然选择的关系

在进入本章主题之前，我必须先说明一下生存斗争对自然选择的影响。前一章中提到，自然界的生物存在一定的个体变异性，关于这一点我还没有听说过谁有异议。许多争议形态到底应该被称为物种、亚种还是变种并不重要，例如把英国植物中两三百个争议形态列入哪一等级无关紧要，重要的是承认存在特征显著的变种。不过，仅仅承认存在“个体变异性”和少数特征显著的变种，并不能帮助我们理解自然界中的物种是怎样兴起的。体制的一部分与另一部分、生物体与生活环境、不同生物彼此之间的巧妙相互适应是如何臻于完善的？在啄木鸟和槲寄生身上，我们看到了完美的相互适应。从依附于鸟兽的微小寄生生物，从潜水甲虫的结构，从一阵轻风就能吹起的羽毛状种子身上，也能清楚地看到这种适应的完善性。简言之，在生物界，这种完善的适应无处不在。

被我称作“雏形种”的变种最终是如何变成真正的物种的？大多数情况下，物种之间的差异远大于同一物种诸变种之间的差异。组成各属的物种之间的差异又会大于同属各物种之间的差异，那么物种群又是如何兴起的？我们将在下一章看到，这些都是由生存斗争导致的必然结果。拜生存斗争之赐，任何变异，不管多么微小或由什么原因引起，只要能使任一物种的个体在与其他生物和外界环境的复杂相互作用中获益，就会倾向于保全这个个体，并且通常会遗传给后代。于是后代就有了更好的生存机会，因为各个物种间歇产下的许多个体只有少数能生存下来。每一种微小变异如果有用，就会被保存下来，我把这一原理称为自然选择，以区分它和人工选择的关系。我们已经看到，人工选择通过积累“自然所赐的微小但有用的变异”能产生显著的效果，使生物适合人类的需要。但是，在后文中我们将看到，自然选择是一种不眠不休、持戈待变的力量，它比人类的微薄之力高超得多——自然的作品远胜于人类的作品。

现在让我们简要讨论一下生存斗争。老德堪多和赖尔曾睿智地提出，所有生物都暴露在激烈的竞争之下。口头上承认“生存斗争的普遍性”并不难，但要把这条结论时刻映在脑海中却无比困难！除非能把它刻画在脑海中，否则我们对整个自然系统（包括分布、稀疏、丰富、灭绝和变异等每一项事实）的理解必将晦暗不明甚至极端错误。从外表上看，自然界中充满了欢乐，我们经常看到丰富的食物；却看不到或忘记在四周慵懒唱歌的鸟大多靠昆虫或植物种子为生，它们经常毁灭生命；我们忘了，这些鸣鸟的卵或幼雏经常被猎食性的鸟兽所灭；我们还忘了，虽然目前食物很丰富，但并不是每一年的所有季节都是如此。

首先要说明，我是在广义和比喻意义上来使用“生存斗争”这一术语的，它包含一种生物对另一种生物的依赖，还包含个体不仅要自身保命，还要成功留下后代，后者更为重要。两只犬属动物在食物匮乏时，真的会为争夺食物而打斗。而生在沙漠边缘的植物，则要在干旱下求生存，更确切地说，是要依靠水气。一株植物年产千粒种子，平均只有一粒达到成熟，这种情况下可以更实在地说，它是在和地表已有的同类或不同类植物进行竞争。槲寄生依赖于苹果树等少数树种，说它与这些树相互竞争未免太牵强，但如果太多的寄生株生长在同一棵树上，就会使树枯萎乃至死亡。当几株槲寄生苗聚集在同一根树枝上时，或许才可以实在地说，它们是在相互斗争。因为槲寄生靠鸟传播种子，没有鸟就无法生存，所以从比喻意义上说，它在和其他结果实的植物竞争，以吸引鸟吃果实，从而让鸟为自己而不是为其他植物传播种子。为方便起见，我所谓的“生存斗争”包含了上述几种相互交叉的情况。

## 生物的高速增殖与面临的重大毁灭

所有生物都有高速增殖的倾向，因此生存斗争不可避免：每个生物体在自然寿命期都会产下若干卵或种子，如果所有后代都能成活，那么按照几何级数增长，其数量很快就会多得超乎寻常，没有地方能容下。因为产生的个体多于能生存的个体，所以与同种或异种个体以及与非生物环境的竞争不可避免。在自然界，食物不会人为增加，交配也不会受到限制，如果将马尔萨斯的理论应用于动物界和植物界，作用会翻几倍。

即使繁殖速度较慢的人类也会在 25 年后增长 1 倍。以这一速度计算，只需几千年，这个世界上就没有人类后代的“立足之地”了。林奈计算过，如果一株一年生植物只产 2 粒籽（实际上根本没有繁殖力这么低下的植物），第二年其后代又各生 2 粒籽，以此类推，20 年后就会有 100 万株植物！

就此问题，我们有比理论计算更好的证据——历史上留下了很多关于自然界中各种动物在接连两三季条件有利的情况下增殖速度惊人的记载。更惊人的证据来自在世界几处地点恢复野生的多种家养动物：幸亏确有实据，否则繁殖速度较慢的牛和马在南美洲和澳大利亚的增殖速度实在令人难以置信。植物也一样，有些引进植物不到 10 年就长遍了整个岛屿。在拉普拉塔的广阔平原上，有几种从欧洲引入的植物密布于数平方里格的地表，几乎排挤掉了所有其他植物。在发现美洲后从那里引入印度的几种植物，现在已经从科摩林角分布到了喜马拉雅山。在这些例子中，没有人认为是因为这些动植物的能育性突然有了显著提高，原因显然是：生活条件太优越，死亡率下降，几乎所有后代都能生育，于是就会出现令人惊讶的快速增殖。几何级数的增殖使归化生物[①]在新家迅速实现了广泛分布。

有的生物每年产卵或籽数以千计，有的生物每年产卵或籽极少。两者之间唯一的区别是：在有利条件下，后者要占满一片不论多么大的地区需要更多的年份。南美神鹰只生 2 个蛋，鸵鸟则生 20 个蛋，然而同一地域中，南美神鹰在数量上可能会多过鸵鸟。暴风鹱（*Fulmar*

南美神鹰（康多兀鹫）

美洲鹫目美洲鹫科康多兀鹫属。体长 1.1～1.4 米，翅大而宽，体重 9～11 千克。主要吃腐肉，栖息于海拔 3 000～5 000 米的岩壁，雄性前额有一肉质突起。雌性一次产 1～2 个蛋，孵化需 45～55 天

① 指区内原无分布，从另一地区移入，且在本区内繁衍的野生植物或动物。

*petrel*）只生一个蛋，但据信是世界上数量最多的鸟。一只家蝇生数百个卵，虱蝇只生一个卵，但这种差别并没有影响这两个物种在某地能够生存下来的个体数量。对以供应量快速波动的食物为生的生物来说，“产卵数量巨大”具有一定的重要性，因为这样能使个体数迅速增加。但是，具有大量卵或籽的真正重要性在于，弥补生命某一时期发生的毁灭，绝大多数毁灭的情况发生在生命的早期：如果一种动物可以用某种方式保护自己的卵或幼崽，那么少量繁殖就能保持平均数量；但如果卵或幼崽大量被毁，就必须多产，否则该物种将灭绝。一种平均可以存活千年的树，假设所结的籽不被毁灭并能确保在合适的地点发芽，那么它只要 1 000 年结 1 粒籽，就足以保持数量稳定。可见，动植物的平均数量只是间接地取决于卵或籽的数量。

我们在头脑中要时刻牢记：自然界的每一种生物，都可以说是在尽力实现数量的最大增长，每一个个体在生命的某一时期都要靠斗争才能生存。在每一世代或间隔一定的时间，大灾难不可避免会降临到老幼个体身上。如果稍许减轻任何一种抑制作用或者缓解毁灭作用，物种的个体数几乎立刻就会增长到任意值。

是什么因素抑制了每个物种自然增殖的倾向呢？这是一个晦涩难解的问题。观察最有生命力的物种，它们云集的程度说明，增殖趋势将进一步加大。我们不知道任何一种情况下的抑制因素到底是什么。在这里，为了引导读者发现一些关键点，我只发表几条意见。看起来卵或幼崽受害最甚，但实际情况并非总是如此。植物的种子很容易被毁，但根据我的观察，幼苗要想在挤满其他植物的土地上发芽，恐怕会遇到更大的困难。此外，幼苗还受到各种敌害的大量毁坏。如果在长期修剪或者兽类频繁啃咬的草皮上放任植物生长，生命力不强的植物即使已经完全长成，也会被生命力更旺盛的植物消灭掉。

当然，每一个物种所需的食物量决定了它们的增殖上限；但是，决定一个物种平均数量的因素往往不在于觅食状况，而在于该物种被其他动物捕食的情况。这看起来没有什么疑问——在任何大块土地上，鹧鸪、松鸡和野兔的数量主要取决于天敌的捕食量。现在英国每年会射杀数十万只猎物，但如果在下一个 20 年，英国既不射杀一只猎物，也不猎杀猎物的天敌，则猎物很可能比现在还少。

气候在决定一个物种的个体平均数方面扮演了重要角色。依我看，周期性的严寒或干旱是所有抑制手段中最有效的。在我居住的地方，有五分之四的鸟未能渡过 1854 年至 1855 年的冬天，那是一次巨大的毁灭。严酷的气候会减少食物，从而使以同类食物为生的同种个体或异种个体之间发生最激烈的斗争。即使在气候本身的直接作用（如极度严寒）之下，受害最大的仍是最孱弱的个体，或者是入冬前获取食物最少的个体。当从南向北或从湿润地区向干旱地区旅行的时候，我们往往会发现，有些物种越来越稀少，终至绝迹。气候带来的变化有目共睹，我们倾向于把这类整体性变化归因于气候的直接作用，但这种观点非常错误。我们忘了，每一个物种，即便在个体数最多的地方，也会在生命的某一时期不断地因为天敌的侵袭，或争夺同一地盘和食物的竞争者而遭到巨大的毁灭。如果气候上的任何轻微变化略微有利于这些天敌或竞争者，它们的数量就会增长，由于每块地域已经布满生物，其他物种难免会减少。当我们向南旅行，发现一个物种数量减少时，我们会有把握地认为，原因在于其他物种更受眷顾，而这个物种更受伤。向北旅行时也一样，但程度略轻，因为北行的时候，所有物种的个体数都减少，竞争者相应地也减少了。因此，相比于南行或下山，在北行或上山的时候，我们更经常遇到形态矮小的生物，这是由气候的有害作用直接造成的。在北极地区、冰雪覆盖的山巅或荒漠，“生存斗争”就完全是同环境因素的较量了。

气候的主要影响是通过有利于其他物种间接地起作用。我们在园圃里就能清楚地看到这一点：那里有大量引进植物能完全适应我们的气候，却永远不能实现归化，因为它们既竞争不过土著植物，也无力抵抗土著动物的侵害。

当一个物种，因为环境非常有利，而在一小片区域出现个体数过度增长时，就往往会发生传染病。很多传染病看似是由寄生虫在密集畜群中传播引起的，这就涉及寄生虫及其宿主间的斗争。

另一方面，在许多情况下，一个物种相对于天敌拥有更多的个体数量对于自我保存是绝对必要的。我们能轻而易举地在田里收获大量谷物和油菜籽等等，正是因为它们的种子在数量上远远超过以种子为食的鸟。但所有尝试过的人都知道，要想从园圃的少量小麦或其他植物中得到种子何其困难，甚至颗粒无收！我相信，“大群个体对于物种的自我保存必不可少”这种观点解释了自然界中的某些奇特事实。比如，有时某些非常罕见的植物在它们出现的少数地点极为茂盛；还有些丛生植物即使在分布范围的边缘也是丛生的！我们相信，一种植物只有在生存条件有利到许多个体可共同生存的情况下，才能相互依存，不致灭绝。

## 动植物在生存斗争中的复杂关系

文献中的很多实例表明，在同一区域相互竞争的生物之间的抑制和关系是多么复杂和出人意料。在斯塔福德郡有一大片石南丛生的荒原，从未被人耕作过。25 年前，有几百英亩相同性质的土地被圈起来，种上了苏格兰冷杉。从此荒原上种植园部分的土著植被发生了非常显著的变化，比从两块非常不同的土地上走过时经常看到的差异还要大。不仅荒原植物的比例完全改变，而且原本不见于荒原的 12 种植物在种植园里茂盛地生长起来。圈地对昆虫的作用更大：经常能看到 6 种原来在荒原上找不见的食虫鸟（常见于荒原的是另外两三种食虫鸟）。在这里，我们看到引进一种树的效果是多么显著，其实我们除了把地圈起来不让牛进入之外，并没有做更多的事。圈地禁牛是多么重要的一个因素啊！萨里郡法纳姆附近有一大片荒原，远处山顶上生长着几丛老龄苏格兰冷杉。最近 10 年，人们圈起了大片土地，目前自然生长的冷杉如雨后春笋般出现，但因为相距太近，不能全部存活。

当我查明圈地中的幼树并非人工播种或移植时，我对它们的数量之多非常惊讶，于是跑去检查了数百英亩未被圈起来的荒原。结果，除了几片早先种植的冷杉林，再也找不见一株苏格兰冷杉。不过，通过仔细观察荒原上散布的茎干，我发现了不少树苗和小树，它们总是被牛啃得很低。在距离一片早先种植的冷杉林几百码处，我从 1 平方码的土地上数出了 32 棵小树，从年轮上判断，其中有一棵曾在 26 年里试图使树梢超出石南的茎干，但失败了。难怪土地一旦被圈起来，就会长满生命力旺盛的冷杉幼树！但是荒原土地贫瘠、幅员辽阔，没有人会想到牛竟能在这里高效地搜寻食物。

在这里，苏格兰冷杉的生存完全取决于牛，牛的生存在某些地方又取决于昆虫。在巴拉圭，虽然放养状态的牛、马或狗成群地向南或向北移动，但从来没有恢复野生的。阿萨拉和伦格尔指出，这是由巴拉圭的一种数量巨大的蝇造成的，这种蝇会把卵产在初生牛犊的肚脐上。蝇虽然数量众多，但个体数的增加往往也会被某些因素（如鸟）制约。因此，如果巴拉圭的某些食虫鸟（其数量可能受控于鹰或食肉兽）数量上升，则蝇的数量会下降，牛和马也就可以变野生了。这必然会极大地改变植被（我在南美一些地区确实看到过这种现象），随之会显著地影响昆虫，进而影响到食虫鸟，正如我们在斯塔福德郡所看到的，于是这种复杂关系一圈一圈地不断扩展。我们的分析从食虫鸟开始，又以食虫鸟告终。在自然界，各种关系更加纷繁复杂。大战小战不断发生，各自取得不同程度的胜利；但是，各种力量最终达成了很好的平衡，以至于自然界的面貌在很长时间内保持不变。而我们因为太无知、太自以为是，以至于在听说一种生物灭绝的时候会感到惊讶。又因为我们没有看到起因，所以把物种的消失归因于灾变，或者臆造一些定律说明生命形态持续期有限。

我禁不住要再举一个例子表明，自然界等级相差最大的动植物是怎样由一张复杂的关系网联结在一起的。英格兰有一种叫亮毛半边莲（*Lobelia fulgens*）的外来植物从来不招昆虫访问，相应地，它的特殊构造使它永远不能结籽。许多兰科植物绝对需要蛾类访问来搬运它们的花粉，以便使它们受精。我也有理由相信，三色堇的授粉离不开大黄蜂，因为其他种类的蜂不会拜访这种花。我几乎毫不怀疑，如果整个大黄蜂属在英格兰完全灭绝或濒临灭绝，三色堇就会变得非常稀少甚至完全消失。任何一个地区大黄蜂的数量都在很大程度上取决于田间小鼠的数量，因为小鼠会破坏大黄蜂的巢穴。纽曼先生长期关注大黄蜂的习性，他认为“在全英格兰，三分之二以上的大黄蜂就是这么被消灭的”。众所周知，小鼠数量在很大程度上取决于猫的数量。纽曼说：“我发现在村庄和小镇附近，大黄蜂的巢穴比其他地方要多，我把这归因于大量的猫消灭了小鼠。”可见，某地一种猫科动物的大量存在，有可能首先通过小鼠，然后通过蜂的介入，而决定了该地某种花的稀疏！

亮毛半边莲

桔梗科半边莲属多年生草本。茎直立，不分枝，叶互生，披针形。花淡粉色，花冠两侧对称，花期5～10月

三色堇

堇菜科草本。茎有分枝，叶卵状长椭圆形，具圆钝锯齿。春夏开花，每花通常有蓝、白、黄三色，故名三色堇

就每个物种而言，在生命的不同阶段以及不同年份或季节可能有多种抑制因素发挥作用。通常会有一种或几种抑制因素是最强的，不过，

所有抑制因素共同决定了物种的平均数量甚或物种的存亡。一些例子表明，同一物种在不同地区所受的抑制作用完全不同。当我们看到河岸上草木丛生时，就禁不住要把它们的相对数量和种类归因于我们所说的“机会”。但这种观点是完全错误的！所有人都听说过，当一片美洲森林被砍倒之后，新长出的植被与以前大不相同。但是，有人发现目前成长在美国南部印第安古冢上的树呈现出和周边处女林一样的完美多样性和种类配比。几百年来，在这几种树之间发生了怎样的斗争啊，要知道这些树每年都要散播数以千计的种子！在昆虫之间，昆虫、蜗牛和其他动物与捕食它们的鸟兽之间发生了怎样的战争！它们都在竭力增殖、互相吞噬或者以树、树的种子和幼苗以及首先覆盖大地从而阻碍树木生长的其他植物为食。扬一把羽毛，向空中抛去，根据确定的定律，它们早晚会落到地上。但是，这个问题与无数动植物之间的作用和反作用相比是多么简单！几百年来，正是这种作用和反作用决定了目前生长在古印第安遗址上的各类树木的种类和配比！

## 同类相残最激烈

一种生物依存于另一种生物，例如寄生虫依存于其寄主，一般发生在自然界等级相差较远的两种生物之间。但是，可严格称为生存斗争的情况也经常发生在等级相差较远的生物之间，如蝗虫和食草兽。不过，最剧烈的斗争几乎总是发生在同一物种的诸个体之间——因为它们经常光顾同一地区、需要同样的食物、遭受同样的危险。在同一物种的诸变种之间，斗争往往也同样激烈。有时竞争很快就能见分晓：例如，如果混播几个小麦变种，再把混杂的种子二次播种，其中最适合土壤或气候的变种，或天然能育性最强的变种将打败其他变种，产生更多的种子，因此几年后就会取代其他变种。即使混养极其相近的变种，较弱的变种也会逐渐减少直至消失，例如不同颜色的香豌豆、不同的绵羊变种、医用水蛭变种等。如果让家养动植物的变种像自然界的生物一样相互斗争，并且不是每年都进行选种或拣选幼兽，那么是否存在力量、习性和体质完全一致的诸变种以至混养群的原始比例能够保持 6 代呢？这恐怕很值得怀疑！

同属物种往往具有类似的习性、体质和结构，因此当同属物种之间相互竞争的时候，激烈程度通常会胜过与不同属物种的竞争。我们最近观察到：一种燕子在美国某些地区的扩张导致了另一种燕子的减少；在苏格兰部分地区，槲鸫的增加导致了歌鸫的减少。我们不知多少次

歌鸫（左）和槲鸫（右）

歌鸫：一种分布在欧亚大陆的鸫属鸟类，上身呈褐色，下身呈奶白色或浅黄色，有黑色斑点。这种鸟歌声独特，常见于诗歌

槲鸫：下体皮黄白而密布黑色点斑。体形较歌鸫大，上体褐色较浓，外侧尾羽端白，翼下白，覆羽边缘白色

听说，在迥异的气候之下，一种大鼠取代了另一种大鼠！在俄罗斯，小型亚洲蟑螂曾经到处驱赶同属的大型蟑螂……从这些例子我们隐约可以看出，为什么近缘形态之间的竞争最激烈——因为它们在自然经济体中占据几乎相同的位置。但是，在任何情况下，我们恐怕都无法准确地说出，在生存大战中一个物种为什么能胜过另一个物种。

根据上面的描述可以得出一个极其重要的推论：每一种生物的结构都以完美但往往是隐蔽的方式与所有其他生物的结构相联系，它们利用这些结构与其他生物竞争食物或居住地、逃避其他生物或以其他生物为食……这在老虎爪和牙的构造中很明显，在攀附于虎毛的寄生虫的足爪构造中也很明显。乍一看，蒲公英美丽的羽毛状种子和水生甲虫有缨毛的扁腿仅与空气和水相关。其实羽毛状种子的优势无疑与密布其他植物的土地密切相关，这样它们才能广泛传播，空降到未被密集占据的土地。水生甲虫腿的构造非常适合潜水，这使它能与其他水生昆虫进行竞争、猎取食物和逃避天敌的捕食。

许多植物种子内贮藏有养料，这乍一看与其他植物无关，但即使把这类种子（如豌豆、蚕豆）播撒到高大的草丛中，其幼苗也能茁壮成长。我猜测种子里营养成分的主要用处在于，有利于幼苗生长，以使它对抗周围长势强劲的其他植物。

为什么生长在分布区中心的植物数量不能翻倍或翻两倍呢？它们完全可以承受稍热、稍冷、稍湿或稍干的环境，因为在其他地方，它们已经分布到了若干气候稍微不同的地区。从这个例子中，我们可以清楚地看到，如果我们想赋予这些植物增加数量的能力，就必须赋予它们某种优势以胜过竞争者或抵抗天敌。植物为了适应气候条件而发生的体质变化有利于它们扩大地理分布，但我们有理由相信，只有少数动植物能分布到仅严酷气候这一个因素就能摧毁它们的地方。只有到达生命的极限地区，即北极地区或荒漠边缘，竞争才会停止。即使在极冷或极干的地方，少数几个物种之间或同物种诸个体之间仍然会为占据最暖或最湿的地点而发生竞争。

我们还发现，当一种植物或动物被引入新地方从而要面临新的竞争者时，虽然气候可能和原产地完全一样，但它们的生存环境往往会发生根本性的改变。如果想提高它们在新家的平均数量，就必须以不同于原产地的方式改变它们，因为我们要使它们具备对付不同竞争者或天敌的优势。

赋予一种形态胜过其他形态的优势这种想法固然不错，但恐怕在所有实例中，我们都不知道该如何做才能成功。这使我们认识到，自己对各种生物之间的相互关系一无所知，认识到这一点很有必要而且并非易事。我们所能做到的是，时刻提醒自己每一种生物都在努力以几何级数增殖，它们不得不在生命的某一时期、一年中的某季、每个世代或每隔一定时期，经历生存斗争，并遭到巨大毁灭。当我们想到生存斗争的时候，或许可以这样聊以自慰：战争并非无止无休，恐惧不可感知，死亡转瞬即逝，只有活力、健康和欢乐得以在自然界留存、发展……

# 第四章

# 自然选择

这一章是达尔文进化论的核心和灵魂。乍一看，会觉得内容非常凌乱，实际上所有内容都与自然选择有着或多或少的关联。

首先是自然选择与人工选择之间的联系和区别。既然人类能够定向积累个体差异，自然界也能，但是人类只为自身的利益和喜好进行选择，而自然界则为生物的利益进行选择。随后达尔文提到性选择。与自然选择不同，性选择是一个性别的个体选择另一性别的个体作为配偶，是同一物种雄性之间为获得配偶而发生的斗争。性选择一般不会让落败方死掉，只会让它少留或不留后代。

达尔文还提到雌雄个体之间进行交配的重要性。有性繁殖产生的后代总与亲代有所不同，而无性繁殖几乎总是产生复制品，不能得到个体差异。个体差异是自然选择的必要条件——为了通过自然选择的过程实现进化，生物必须参与有性繁殖。达尔文坚信，没有一种生物能够永远保持自体受精，即使无性繁殖的生物偶尔也会进行交配。

灭绝现象和性状分异也与自然选择息息相关。自然选择是一种缓慢的、渐进的过程，在生物与周围环境的长久相互作用中，适者生存，不适者被淘汰，从而创造新的生物类型或导致物种灭绝。自然选择不断引发物种的性状分异，不断形成新物种，同时也不断地迫使一些不适应的物种灭绝。

## 自然选择和人工选择

生存斗争究竟是怎样对变异发生作用的？在人工选择中发挥很大作用的选择原理，在自然界同样适用吗？我们将看到，选择原理在自然界中不但能发挥作用，而且极其有效。既然对人类有益的变异无疑曾经出现过，那么，自然界的每种生物，经过千万代漫长而复杂的生存战争，难道就不会发生对自身有益的变异吗？如果的确发生过，那么就无须怀疑"即使拥有极微小优势的个体，也将有最大的机会生存和繁殖后代"这种说法了。另一方面，哪怕是最轻微的有害变异也会被严格剔除掉。我把这种"保存有利变异，剔除有害变异"的现象称为自然选择。

正如第一章中所述，我们有理由相信，生存环境的变化通过特别地作用于生殖系统，能够导致或增加变异性。我不认为必须有极大量的变异，因为通过定向积累个体差异，人类肯定会收到显著效果，自然界也完全可以，而且更容易，因为它能支配的时间比人类多得多。我也不认为必须有诸如气候等非生物环境的重大改变才能造就新的空位，使经历了自然选择的物种得以占据。每个地区的所有生物在相互竞争中取得了微妙的平衡，一种生物在结构或习性上的微小修改往往能赋予它胜过其他生物的优势，这类修改进一步发展往往会增加它的优势。

人类只能对外在的可见性状进行选择，而自然界却不在乎外表，除非外表对生物有用。自然界作用于每一个内部器官、每一个体质上的细小差别和整个生物体。人类只为自身利益进行选择，而自然界则只为它所照管的生物进行选择。每一个被选择的性状都会在自然界中得到充分的锻炼。无须惊叹，与人工作品相比，大自然的作品更货真价实，在对极复杂生存环境的适应上亦是完胜。

自然选择随时都在检查全世界的每一种变异，剔除那些坏的变异、保存和积累所有好的变异。自然选择默默地工作着，无论何时、何地，只要有机会，就会去改善每一种生物与其他生物或生存环境之间的关系。我们看不到这些缓慢变化，只看到现在的生命形态和以前不同了。

虽然自然选择只能通过各个生物发生作用并且要符合它们的利益，但也会作用于一些被公认为无关紧要的性状和结构。人们看到红松鸡与石南花颜色一致、黑松鸡与泥土颜色一致，就会相信这些是动物的保护色，能使它们逃过鹰的眼睛。我认为没有理由怀疑，自然选择能有效地赋予每种松鸡合适的体色，并且在松鸡获得这种体色之后使之稳定不变。

在观察物种间的许多微小差异时，请不要忘了，气候、食物等因素可能会产生微弱的直接影响；更要记住，相关生长律的许多法则尚不为人所知——自然选择为了某一生物的利益而积累下来的某些修改，会连带导致该生物修改其他方面的性质，这种无心之果经常大大出乎人的意料。自然选择可能会修改一种昆虫的幼虫，使它们能够应对许多仅在幼虫期才会遇到的麻烦，根据相关生长律，这些修改无疑将影响成虫的结构。反之亦然，成虫的修改也可能影响幼虫的结构。自然选择将保证这些修改起码不会有害——因为如

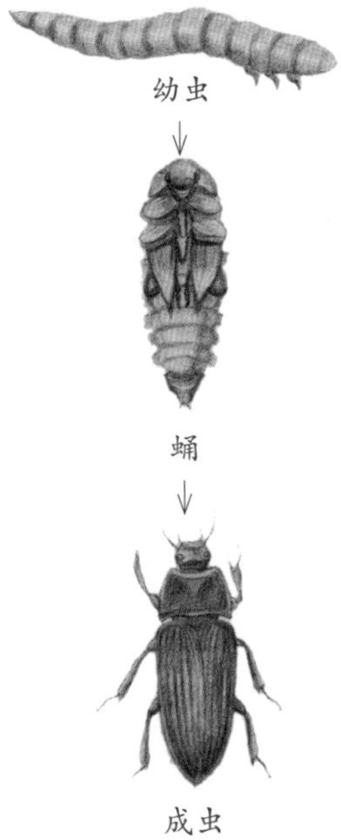

完全变态昆虫的三个发育阶段

果它们有害，就会导致物种灭绝。

自然选择会使子代的结构随着亲代而改变，也会使亲代的结构随着子代而改变。自然选择做不到的是，在不赋予一个物种任何益处的情况下，改变它的结构以满足另一个物种的需要。自然选择有可能对动物终生只用一次的重要结构进行某种程度的修改，比如雏鸟专为破壳所生的坚硬喙尖。据说，最好的短喙翻飞鸽，胎死蛋中的多，破壳而出的少，所以养鸽人必须帮助它们破壳。现在，如果大自然为了鸽子本身的利益，必须使成年鸽的喙变得非常短小的话，修改的进程会非常慢。与此同时，雏鸟会经历严格的选择，选出的将是具有最坚硬鸟喙的雏鸟，喙不够坚硬的雏鸟将不可避免地死亡；抑或更薄、更脆的蛋壳会被选中取代较硬的蛋壳。

## 性选择

在家养状态下，经常出现某些特性只见于一个性别，并且只遗传给相同性别的情况，自然状态下恐怕也会如此。自然选择能够改变一个性别的功能以适应另一个性别，或适应两性完全不同的生活习性，昆虫有时就是这样，这让我想到要对我所谓的“性选择”稍加评论。性选择不取决于生存斗争，而取决于雄性之间对雌性的争夺。其结果不是失败个体死亡，而是失败个体少产或不产后代。一般来说，最强有力的雄性，即与它们在自然界中的位置最匹配的雄性，留下的后代也最多。有人描述雄鳄为占有雌鳄而打斗、怒吼、旋转；雄鲑之间整天打架；雄锹甲虫身上经常带有被同性用巨颚咬出来的伤痕。最残酷的战争可能发生在一雄多雌的动物之中，这些动物经常拥有特殊武器。

锹甲虫（雄）

鞘翅目锹甲科昆虫的统称。雄虫上颚发达，形成似牡鹿的角，许多种的角上有更细的分支和齿，俗称鹿角虫

在鸟类中，这种争夺往往比较平和。所有关注这个问题的人都认为，对许多物种而言，雄鸟之间最激烈的竞争在于，比试谁的歌声能吸引雌鸟。雄性极乐鸟常常集合成群来到雌鸟面前，依次展示华丽的羽毛，

表演奇怪的献媚动作，雌鸟则在一旁作观众，最后挑一个最具吸引力的伴侣。把任何效果都归因于这种貌似平和的方式，可能显得很幼稚；但既然在短时间内，人类能够按照自己的审美标准赋予矮脚鸡优美的仪表，那么我认为没有理由怀疑，千万代雌鸟根据自己的审美标准挑选歌声最悦耳或形象最美的雄性也会产生显著的效果。我相信，关于雄鸟、雌鸟的羽毛不同于雏鸟的规律可以用“羽毛会被性选择修改”的观点来解释，并且这种修改在鸟进入育龄或进入生殖季时起作用。

因此，如果一种动物的雌性和雄性生活习性大体一致，但在结构、体色或装饰上有所不同，那么我会认为这些不同主要由性选择引起。但是，我并不指望把一切性别差异都归因于性选择，因为在雄性家养动物中，有一些特别的特征（例如雄信鸽的肉垂）不能被认为有助于战斗或吸引雌性。在自然界中，我们也观察到了类似的现象，比如，雄火鸡胸部的丛毛恐怕既没有用也算不上装饰。

## 自然选择作用的例证

为了说明自然选择是如何起作用的，请允许我列举一两个假想的情况。以狼为例，狼会捕食多种动物，设想行动最敏捷的猎物（如鹿）因所在地区的某种变化而数量增加，或者别种猎物数量减少，而且这种变化发生在狼最难捕食猎物的季节，我认为在这种情形下，动作最迅捷、最苗条的狼才会有最佳的机会生存下去，从而被选择。

即便各种猎物的比例并未发生任何变化，一只狼崽仍然可能生而具有捕猎某种动物的内在倾向。这种可能性是存在的，因为我们经常观察到家养动物在天性上大不相同——例如，一只猫逮大鼠，另一只逮小鼠。据我们所知，捕猎大鼠而不捕猎小鼠的倾向是遗传的。因为栖息地不同，山地狼和低地狼被迫捕猎不同的猎物，而通过不断保存最适合这两种地形的个体，就有可能逐渐形成两个变种。这些变种如果相遇，可能会杂交和混合。美国卡茨基尔山上栖息着狼的两个变种：一个像体态轻盈的灵猩，捕食鹿；另一个体形庞大、腿短，经常攻击牧人的羊群。

下面举一个更复杂的例子。某些植物会分泌一种甜液，虽然量少，却让昆虫孜孜以求。设想一朵花花瓣内侧的底部分泌出一小滴甜液或花蜜，寻蜜的昆虫难免会粘上花粉，从而必然会经常把花粉从一朵花传递到另一朵花的柱头[①]，于是同一物种的两株不同的个体就会发生杂交。我们有理由相信，这种杂交将产生非常健壮的幼苗，且幼苗也将凭此获得繁盛和生存的最佳机会。某些幼苗可能会继承分泌花蜜的能力。腺体或蜜腺最大、分泌花蜜最多的花朵最常被昆虫访问，也最常发生杂交，久而久之，它们就会占上风。

一旦植物对昆虫有了很大的吸引力，以至于花粉在花与花之间传播成为常态，就有可能开始生理分工过程。没有一位博物学家会怀疑生理分工的好处，因此我们可以认为，一朵花或一株植物只生雄蕊，另一朵花或另一株植物只生雌蕊对植物有好处。栽培植物被放到新的生存环境之后，有时雄性或雌性生殖器官会或多或少失去作用。设想在自然界也有这种情况，只是程度很轻，那么，由于花粉总能在花与

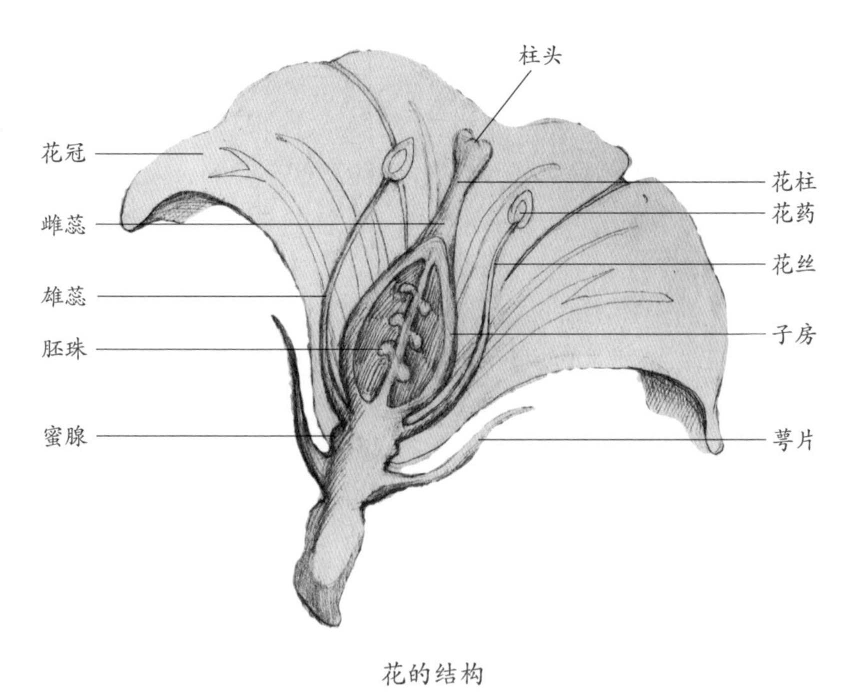


花的结构

① 位于雌蕊的顶端，是接受花粉的部位。

花之间传递，由于根据生理分工原理，更彻底的性别分离对植物有利，于是有这种倾向的个体会越来越多，它们持续地被选择下去，直到两性达到完全分离。

假定通过持续选择我们能使一种普通植物的花蜜慢慢增多，并且假定它的花蜜正是某些昆虫的主要食物。蜜蜂或其他昆虫在身材、体形等方面的偶然改变，虽然对我们来说纤细难辨，却会为昆虫带来好处——具有这种特点的个体将能更快地取得花蜜，从而有更好的机会生存下去并传宗接代。其后代有可能继承结构上的这种微小偏差。另一方面，我发现三叶草的受精极大程度上取决于蜂类是否访问它的花。蜂类访问时会移动花冠中各部分的位置，从而把花粉推向柱头表面。这样，我就能理解，通过不断保存具有互利结构偏差的个体，花和蜂就有可能慢慢地同时或先后通过修改达到与对方的完美适应。

自然选择只能通过保存和积累可遗传的细微修改起作用，而且每一项修改都要对被保存的生物有利。如果自然选择被证明是一条正确的原理，它将排斥新生物连续创造论和“生物结构会发生巨大突变”的观点。

## 论雌雄交配

在雌雄异体的情况下，显然每次生育之前两只个体都必须进行交配，但雌雄同体生物就不一定如此了。无论如何，我强烈地倾向于认为，所有雌雄同体的生物，也会或偶然、或习惯地通过异体结合进行生育。现代研究已经大大减少了被认为是雌雄同体的生物的数量，而且有很多雌雄同体的生物也交配；但仍有不少雌雄同体动物确实没有交配的习惯，而且大多数植物是雌雄同体的。有人会问，是什么原因让人们认定两只个体在生殖前进行了交配呢？

我搜集到的大量事实表明，动植物不同变种（或同一变种的不同品系）之间的杂交能赋予后代活力和能育性；反之，近亲繁殖会减少活力和能育性。仅这些事实就使我倾向于认为，没有一种生物能无限世代地自体受精下去，和其他个体的偶然交配是不可缺少的，这是自然界中的普遍规律。

唯有相信这一自然规律，我们才能理解几大类事实，任何其他观点都解释不了这些事实。例如：每一位杂交育种家都知道，暴露于潮湿环境非常不利于花的受精；然而，花药[①]和柱头完全暴露在外的花是那么多！如果偶然杂交不可或缺，则这种暴露状态就可以用能让异体花粉充分自由地进入来解释。另一方面，许多花的结籽器官是紧闭的，

① 花丝顶端膨大呈囊状的部分，能产生花粉，是雄蕊的重要组成部分。

如蝶形花科或豆科。这类花中有几种（也可能是全部都）具有与蜂吸取花蜜的方式精妙适应的结构。因为在吸取花蜜的时候，蜂类要么把这朵花自己的花粉推向柱头，要么把另一朵花的花粉带进来。蜂类的访问对于蝶形花科来说不可或缺，如果这种访问被阻止，它们的能育性就会大大降低，但不能据此认为，蜂类这样做就能在不同物种之间产生大量杂种。因为如果你用同一把毛刷粘上一株植物自己的花粉和另一个物种的花粉，则前者的效用将占极大优势——几乎总是同种的花粉授精，异种的花粉几乎不能授精。

如果在相互接近的地方让甘蓝的几个变种结籽，则由此培育出的幼苗大多会变成混种。我曾经这样试验过，结果在 233 株甘蓝幼苗中，只有 78 株保持了原有类型的特征，甚至这 78 株也不都是完全纯粹的。每朵甘蓝花的雌蕊不仅被它自己的 6 个雄蕊所包围，也被同一株植物上的许多其他花朵包围，那么，为什么还有这么多幼苗是混种呢？我猜测，这必然是因为来自另一个变种的花粉在某方面胜过同花花粉。当不同物种杂交时，情况恰恰相反，因为植物自身花粉的授精能力总是优于异种植物的花粉。

如果一朵花的雄蕊突然弹向雌蕊，或者一个接一个地缓慢弯向雌蕊，看似这种“机关”仅仅是为了适应自花受精，它也的确有利于自花受精；不过，雄蕊通常需要借力于昆虫才能向前弹跳。在许多其他情况下，自花受精没有助手；而且很多植物具有特殊构造，能有效地防止柱头接受自花的花粉——或者花药在柱头准备好受精之前已经裂开，或者柱头先于花粉成熟。因此，事实上这些植株是雌雄分化的，必须习惯性地进行杂交。这些事实是多么奇怪，但如果用“不同个体的偶然杂交是有利的或不可缺少的”来解释，它们又是何等简单！

现在简要地谈一谈动物。陆生物种中有一些为雌雄同体，如陆生软体动物和蚯蚓，但它们都是需要交配的。到目前为止，我还没有发现一例陆生动物自体受精的例子。考虑到陆生动物生存环境中的媒介和精子的性质，我们就能理解为什么动物需要交配——陆生动物个体，除了交配受精之外，不存在像植物那样靠昆虫和风实现偶然杂交的方法。水生动物中则有很多可以自体受精的雌雄同体动物，水流显然可以担当它们进行偶然杂交的媒介。在雌雄同体动物中，尚未见到生殖器官完全生在体内，从外部无法进入，从而在身体构造上就不可能实现不同个体之间偶然杂交的情况。

蜗牛（雌雄同体）交配

考虑上述几个方面以及我搜集到的许多无法在此一一列举的事实，我深切地感到：不管在动物界还是在植物界，和异体发生偶然交配都是一条自然规律。我们可能最终会得出结论：在很多生物中，不同个体之间的交配对于每一次生育都是必需的。有不少生物间隔很长时间才会发生交配；但我猜想，没有一种生物能够永远保持自体受精。

## 对自然选择有利的条件

这个问题极其复杂。存在多种多样可遗传的变异似乎是必要的，但我相信，个体差异也能满足需要。生物个体数量多，能保证在给定时间内为有利变异的出现提供更好的机会，弥补每只个体变异较少的不足。

在进行系统性人工选择时，育种家为某个明确的目标而选择，而自由杂交将彻底毁掉他的工作。有许多人无意改良品种，但对完美有近乎一致的标准，他们都试图获得良种并使之繁殖。尽管大量劣等动物会参与杂交，但通过这种无意识的选择，物种肯定会发生很大的改良，只是改良所需的时间比较长。在自然界也是如此。在一个范围有限的地区，自然选择将总是倾向于保留朝正确方向变异的个体，以便更好地填补空位。而如果这个地区地域辽阔，则其中的几个分区几乎必然会呈现不同的生存条件。这时，如果自然选择在这几个分区修改一个物种，则该物种在各分区边界的不同个体将发生杂交。在这种情况下，杂交的作用抵消不了自然选择的作用。

杂交在自然界中起着非常重要的作用，使同一物种或同一变种的个体能够保持性状上的纯粹和一致。杂交主要影响每次生育必须交配、游动性大且繁殖速度不是很快的动物。因此，具有这种性质的动物（如鸟）的变种将总是局限在分离的诸地区。另一方面，对于雌雄同体生物，以及安土重迁且繁殖速度非常快的雌雄异体动物来说，新变种可能在任何一个地点快速形成，并能保持自成一体，以至于交配主要发生在这个新变种的诸个体之间，从而减少了与其他变种发生杂交的机会。

隔离在自然选择过程中也是一个重要因素。在一个封闭或孤立的地区，如果地方不大，生物所处的有机和无机环境在很大程度上通常是均一的，于是，在整个地区内，自然选择就会倾向于以相同方式使一个演化物种的所有个体发生与同一生存环境相适应的变化。因为这个地区是封闭的或孤立的，并不存在栖息在条件有所不同的周边地区的同种个体，所以也不会发生杂交。但在该地气候、海拔等非生物条件发生变化后，隔离可能会更有效地阻止适应性更强生物的迁入，这时该地自然经济体中就会产生新的位置，可供老居民争取。最后，隔离通过抑制迁入抑制了竞争，于是留下充裕的时间，供新变种进行缓慢的改良。在新物种的产生过程中，这一点有时很重要。

我们可以转向自然界来检验这些观点的对错。观察任何一个小的隔离区域，如一个海洋岛，我们发现：虽然在海洋岛上栖息的物种总数很少，但这些物种中有很大一部分是该地特有的——本地特产，别无分厂。乍一看，海洋岛似乎对新物种的产生非常有利，但我们可能受骗了，因为在确定到底是以下哪一种情况——是一块隔离的小区域，还是一块像大陆那样开放的大区域——对新生物形态的产生更有利时，我们应该选取相同的时间尺度来比较，但这一点我们无法做到。

尽管我不怀疑隔离对于新物种的产生非常重要，但从总体上看，我倾向于认为，地域广阔更重要。宽广、开放的地域供养的同一物种个体数众多，从而有更好的机会产生有利的变异。每一种新形态一旦有了较大的改良，就能够扩展到开放而连续的地区，从而和许多其他形态展开竞争，于是形成了更多的新位置。这时为占据新位置，发生在大区域的竞争要比发生在小而隔离区域的竞争更激烈。我的结论是：虽然小而隔离的区域在某些方面非常有利于新物种的产生，但在大区域，修改进程通常发生得更迅速。更重要的是，在大区域产生的新形态已经战胜了很多竞争者，它们将成为传布最广泛的物种，将产生最大量的变种和物种，因此在生物变迁史中占据重要的位置。

根据这些观点，我们或许就能理解将在“地理分布”一章探讨的某些事实。在小岛上，生存竞争不太激烈，生物较少出现修改，也较少发生灭绝，因此，马德拉植物群类似于欧洲已灭绝的第三纪植物群。同大陆、海洋相比，所有淡水流域加起来也只是一个小区域；相应地，淡水生物之间的竞争应该弱于其他地方生物之间的竞争，新形态的形成和旧形态的灭绝也比较慢。正是在淡水里，我们发现了曾经占据优势的一个目的孑遗——硬鳞鱼的 7 个属。在淡水中，我们还发现了一些就目前所知最反常的形态，例如鸭嘴兽和美洲肺鱼。它们与化石的作用相似，可以在某种程度上将自然等级中相隔甚远的目联系起来。这些不寻常的形态几乎可以被称作活化石。它们因为栖息在一个封闭的地区，身处较缓和的竞争之中，所以生存至今。

总结对自然选择有利和不利的情况，我的结论是：对陆生生物来说，一片大陆可能发生过多次升降，因而在几个较长阶段处于破碎状态的广大陆域，将最有利于大量新生命形态的产生，并且新形态很可能享命甚久、分布甚广。这个区域首先作为一片大陆存在，这时居民的个体数和种类数都很多，竞争非常激烈。而当地面沉降变成分离的大岛屿时，每座岛屿上仍然会保留相同物种的众多个体；不过，每个物种在分布范围的边缘不可能发生杂交；不管非生物条件如何变化，都不会有移民迁入，于是，每座岛屿“政体”中的新位置就必须由“改进之后的老居民”来占据。时间将允许各岛上的变种修改得非常完善。当地面再次升高，诸岛又成为大陆时，将再次出现激烈的竞争。最有利或改进最好的变种将能够广

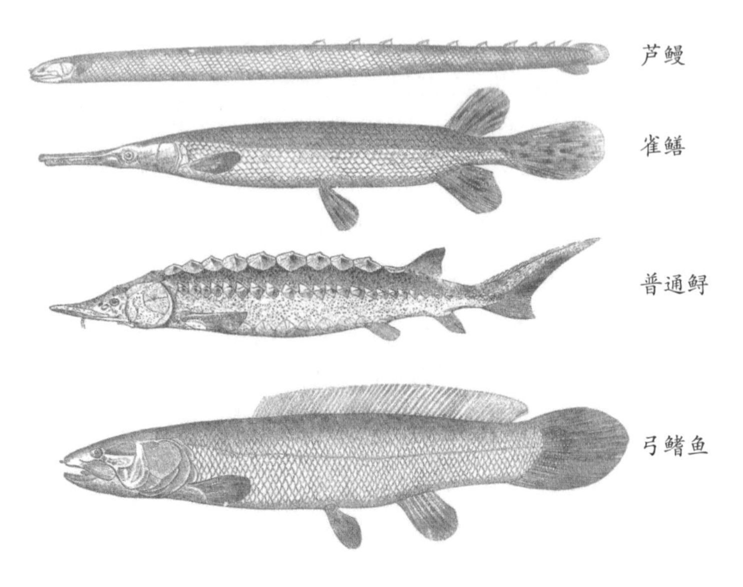


各种硬鳞鱼

鱼鳞分3种，即骨鳞、盾鳞和硬鳞，分别被覆于硬骨鱼类、软骨鱼类及硬鳞鱼类的体表。硬鳞总目是鱼类中古老类群的残余种，除了具有硬骨鱼类的主要特征外，仍留有一些原始性状：体被菱形硬鳞；心脏具动脉圆锥；肠内有螺旋瓣；尾鳍为歪型尾；颏部常有喉板。包括4目，即鲟形目、多鳍鱼目、弓鳍鱼目和雀鳝目

泛分布；改进较少的形态将大量灭绝。在浴水重生的大陆上，各种生物的相对比例将再次发生改变，于是自然选择将进一步改善这些重新站在公平竞赛场上的生物，由此产生新的物种。

我承认，自然选择的作用总是极其缓慢。只有在自然政体中存在位置，并且这些位置能被发生修改的“居民”更好地占据时，自然选择才能发挥作用。这种位置的存在与否常常取决于非生物条件的改变（通常速度很缓慢），以及对具有更好适应性的“移民”的遏阻。但是，自然选择的作用可能更多地取决于某些生物是否发生了缓慢的修改，从而扰动了与许多其他生物的相互关系。除非出现有利变异，否则自然选择就没有用武之地，而变异的过程通常是非常缓慢的，还总因受到自由杂交的影响而延误。

虽然选择的过程非常缓慢，但如果微弱的人类都能通过人工选择大有作为，那么在漫长的时间里，生物凭借自然选择之力发生的改变势必不可限量，所有生物彼此之间以及它们与生存环境之间无限复杂的完美相互作用也会不可限量。

## 灭绝

自然选择仅通过保存在某些方面有利的变异而起作用，于是这种变异就会持续下去。但是，因为每种生物的增殖速度都能达到几何级数，所以每个地区早已挤满了“居民”。那些被选择的和受眷顾的形态在数量上得以增加，不受眷顾的形态就会数量下降以致越来越少。地质学告诉我们，“稀少”是“灭绝”的前奏。新形态正在不断地、缓慢地被制造出来，而地质学已经表明，物种形态的数量从未无限增加过，原因可想而知——自然政体中位置有限。

此外，在给定时期内，拥有最多个体数的物种将有最佳机会产生有利变异；而在任何给定时期内，个体数稀少的物种改良速度较慢，从而在生存竞赛中，败给了更常见物种的改良后代。

从这几点考虑出发，我认为：随着时间的推移，自然选择产生了新物种，并且不可避免地导致了其他物种的稀少和灭绝。

## 性状分异

性状分异原理对于我的理论来说非常重要，它能解释几项重要的事实。变种虽然在某种程度上具有物种的性质，但是变种间的差别仍逊于不同物种间的差别。根据我的观点，变种是正在形成中的物种，即所谓的雏形种。那么，变种之间较小的差别，怎么扩大成物种之间较大的差别呢？

和我一贯的做法一样，让我们从家养动物入手寻求对这种现象的解释吧。假设早先有一个人喜欢快马，而另一个人喜欢强健的大马。马与马之间的差别本来很微小；但随着时间的推移，在快马养殖家和强驹养殖家的不断选择下，差别越来越大，以至于形成了两个亚品种。千百年过去了，亚品种被确认为两个不同的品种。随着差别逐渐拉大，那些具有中间性状的马，因为跑得不是特别快，也不是特别强健，就会被人忽略从而趋于消失。从这个例子中，我们看到了性状分异原理的作用——起先只有难以察觉的差别，后来差别稳步增加，终于造成了品种彼此之间，以及品种与其共祖之间的性状分异。

但是有人要问：类似的原理能应用于自然界吗？我认为它完全能够极具有效地适用于自然界——任何一个物种的后代在结构、体质和习性等方面差别越丰富，就越能在自然政体中攫取众多类型多样的位置，于是个体数也越来越多。

以食肉兽为例。一片地域能供养的食肉兽很久以前就在数量上达到了它的“平均满载数”；在本地条件不变的情况下，如果要让食肉兽的天然增殖力得到充分发挥的话，只能依靠其变异的后代去夺取目前由其他动物占据的位置，才能实现个体数的成功增长。后代在习性和结构上越多样化，就越能占据更多的位置。植物也是这样。实验证明，如果一块地只种植一种草，而类似的另一块地种植了几种不同属的草，则后者能生长更多的植株并收获更多的干草。因此，如果一种草持续变异，并且其变种不断地被选择，那么，这种草及其修改了的后裔就会有更多的个体能在同一块土地上生存下来。

“结构的多样性造就了最大量的生物”这一原理的正确性可以在许多自然情况下看到。例如，我发现有一块 3×4 英尺的草皮多年来暴露于同样的环境之中，它供养了 20 种植物，分别属于 8 个目中的 18 个属，可见这些植物彼此间差别之大。农民们知道，轮种差异最大的“目”的植物，能收获最多的粮食，自然界的情况可以被称为“同期轮作”。生活在一小块土地周边的动植物，大多能生活在这块土地之内（假设土地的性质不甚特殊），可以说，它们都在尽最大努力争取一席之地。但在它们彼此间发生最激烈竞争的地方，结构多样化的优势，伴以习性和体质上的差异，决定了斗争最激烈的“居民”通常是不同属和不同目的生物。

在任何地域的总体系中，动植物在生活习性上差异越大，能在那里谋生的个体也就越多。结构多样化程度低的动物，在竞争中很难胜过结构多样化较完善的动物。比如澳大利亚的有袋类动物，其各个类群彼此间只有很小的差异，隐约能代表食肉类、反刍类和啮齿类哺乳动物，它们能否与哺乳动物中发育更完善的目竞争很值得怀疑。澳大利亚哺乳类身上展现的多样化处于发展尚不完备的早期阶段。

## 生命演化之树分枝图

生物受益于性状分异的原理是如何同自然选择原理和灭绝原理结合起来发挥作用的呢？

所附的生命演化之树分枝图有助于我们理解这个繁复的问题。我们用 A ～ L 代表某地一个大属的各个物种。假定这些物种彼此间的相似度不等（自然界的情况往往就是如此），在分枝图中，相似度用字母之间的不同间距表示。（A）代表一个分布广泛且正在变异的普通物种，它属于本地的一个大属，从（A）发出的不等长虚线构成的小扇面代表了它的变异后代。后代的变异极其微小，但多样化程度很高。它们不都是同时出现的，大多数情况是要相隔较长的时间；它们也不会持续相等的时期。只有在某方面有利的变异才会被保存下来，或被大自然选择。于是，生物受益于性状分异的原理就开始发挥作用了，一般来说，这个原理将导致差异最大的变异（由外侧的虚线表示）被自然选择保存并积累下来。虚线每上升到一条水平线，对应字母的上标就会加 1，这表示我们认为，它已经积累了足够程度的变异，成为一个特征显著的变种。

两条水平线之间的距离可以代表一千代，当然能代表一万代更好。经过一千代之后，物种（A）产生了两个特征显著的变种，$a^1$ 和 $m^1$。这两个变种所处的条件一般会和其亲种发生变异时的条件相同，而变

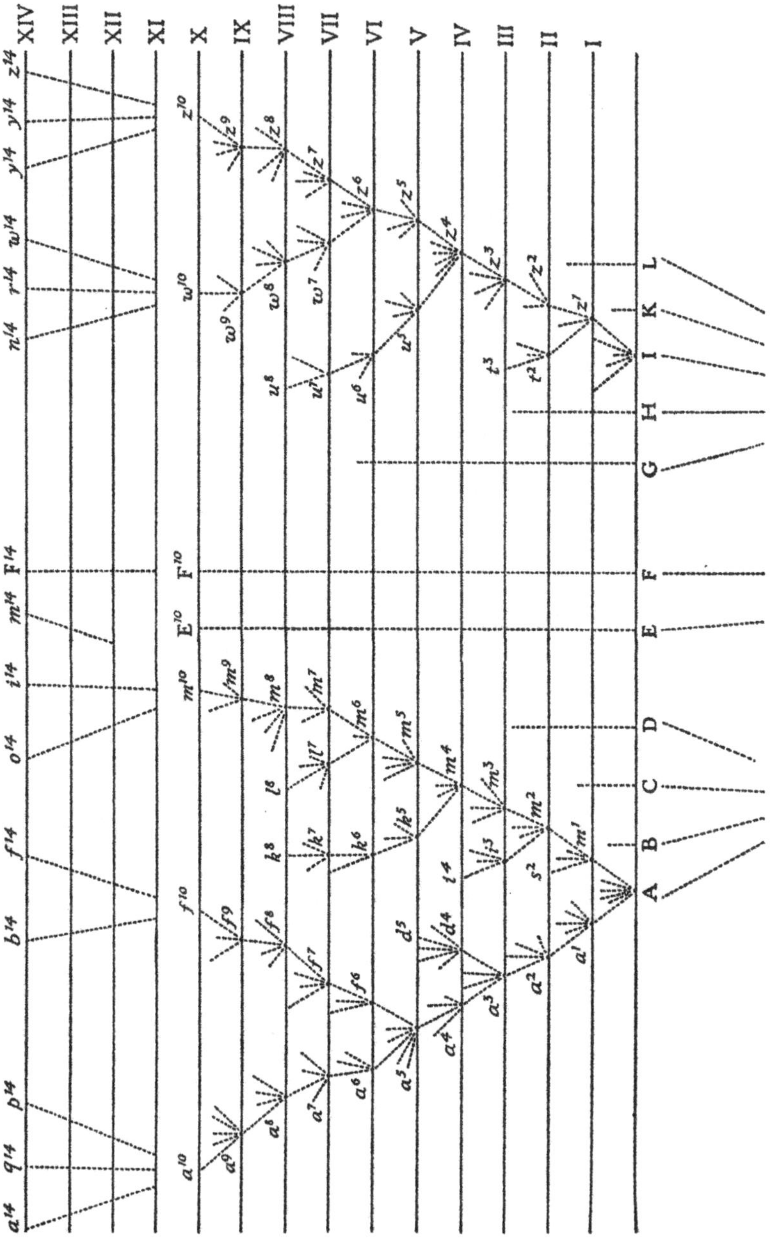

生命演化之树分枝图

异倾向是遗传的，于是它们将继续发生变异，并且变异的方式通常与亲种相同。

如果这两个变种仍能变异，则分歧最大的变异通常会保存一千代。一千代之后，分枝图中的变种 $a^1$ 就产生了变种 $a^2$。根据性状分异原理，$a^2$ 和（A）的差别甚于 $a^1$ 和（A）的差别。变种 $m^1$ 产生了两个很不相同的变种，$m^2$ 和 $s^2$，它们与共同亲种（A）的差别更显著。我们可以用同样的步骤把这个过程延续任意长的时间。有些变种每经过一千代只产生一个新变种，但在修改越来越多的情况下，有的产生两到三个新变种，有的一个新变种也没产生。于是，从共祖（A）产生的诸变种后裔，在数量和性状分异上往往会持续增加。在分枝图中，这个过程延续到了第一万代，并以压缩和简化的方式推进到了第一万四千代。

在这里我必须说明，实际进程将比分枝图中所示的更不规则。我完全不认为分歧最大的诸变种一定会成功实现增殖，中间形态也常常可以长久持续，可能产生或不产生不止一个修改了的后裔。一般来说，一个物种的后代在结构上越多样化，就越能攫取更多的位置，它们修改了的子裔数量就越多。在分枝图中每隔一定间隔，继承线会发生弯折，弯折处标有小写字母，标志着继承形态的独特性达到了可以被记录为变种的程度。

从一个广泛分布的普通大属物种传衍下来的修改了的后裔，将倾向于继承亲代得以成功生存的优势，它们往往会继续增殖和出现性状分异，这在分枝图中表现为从（A）发出的若干分枝。继承线上高度改进的新分枝上的后代，可能经常会取代并毁掉改进较少的老分枝，这种情形在分枝图中表现为，一些较低的分枝没能达到上部的水平线。在某些情况下，我不怀疑修改过程只局限于一条继承线，于是，虽然修改的多样化程度代代增加，但后裔的数量却并未增加——如果除去分枝图中从（A）

发出的所有继承线，只留下从 $a^1$ 到 $a^{10}$ 一脉，就表示了这种情况。

经过一万代之后，物种（A）产生了三种形态：$a^{10}$，$f^{10}$ 和 $m^{10}$，由于在连续的世代中不断发生性状分异，它们彼此之间以及与共同亲种之间的差别会很大，但差异量不一定相同。如果相邻水平线之间的变化量非常小，那么这三种形态或许只是特征显著的变种，或者能达到可列入亚种争议名单的程度。但要把这三种形态定义为物种，则必须假设修改过程中有更多的步骤，或者每一步的变化量更大。于是分枝图就从表示“变种间差异较小的步骤”升级到表示“物种间差异较大的步骤”。通过在更多世代继续同样的进程，我们得到了 8 个从（A）传衍下来的物种，用 $a^{14}$ ~ $m^{14}$ 表示。于是，物种得以增加，以至于形成了一个新属。

在一个大属中，可能有不止一个物种发生变异。假设分枝图中第二个物种（I）通过类似的步骤，在一万代以后产生了两个特征显著的变种（或物种，根据相邻水平线所表示的变化量的大小）$w^{10}$ 和 $z^{10}$。经过一万四千代，产生了 6 个新物种，表示为 $n^{14}$ 到 $z^{14}$。在各个属中，性状上已经具有巨大差异的物种，往往倾向于产生最大数量的修改了的后代，因为在自然政体中，它们有最佳的机会占据多样化的新位置。于是，我在分枝图中选择了极端物种（A）和近极端物种（I）作为变异很大、能兴起新变种和新物种的代表。原始属中另外 9 个物种（用大写字母表示）可能在很长一段时期内继续繁衍没有变化的后裔，在分枝图中用向上延伸的虚线表示。由于分枝图空间有限，有些虚线未能延伸到足够的长度。

在分枝图所代表的修改过程中，还有另一个原理——灭绝原理，也发挥了重要的作用。在每一个已经“满员”的地区，自然选择必须通过遴选生存斗争中具有某种优势的形态来起作用。这就使得在传衍的每一步，任何物种的改良后代都存在取代和剪灭前辈的倾向。要记住，在习性、体质和结构上最近缘的形态之间，竞争通常会最激烈。于是，处于早期形态和最新形态之间的中间形态，以及原始祖先种本身，往往会趋于灭绝。

如果这张分枝图代表的修改量很大，那么物种（A）和所有较早阶段的变种将全部灭绝，取而代之的是 8 个新物种（$a^{14}$ ~ $m^{14}$），而物种（I）将被 6 个新物种（$n^{14}$ ~ $z^{14}$）代替。

我们还可以走得更远。假设该属原始种彼此之间的相似程度不等：物种（A）与（B）、（C）、（D）的相似程度胜过其他物种；同样，物种（I）与（G）、（H）、（K）、（L）更相似。假设物种（A）和（I）是分布广泛的常见物种，它们必然本来就具有胜过本属大多数其他物种的优势。一万四千代后，它们的第 14 代变种很可能继承了其中的一些优势。在传衍的每个阶段，这些后裔也以多样化的方式发生修改和改良，以适应本地自然经济体中许多相互关联的位置。在我看来，它们不但极有可能取代和消灭了亲种（A）和（I），还会消灭与亲种非常接近的原始种。因此，原始种很少能把后裔传到第一万四千代。我们可以认为，在与另外 9 个原始种关系最疏远的两个物种中，只有（F）把后代传衍到了这一世系的最后阶段。

在分枝图中，11 个原始种传衍至现在成了 15 个新物种。由于自然选择的分异倾向，物种 $a^{14}$ 到 $z^{14}$ 在性状上的最大差异远远超过了 11 个原始种之间的最大差异。并且，这些新物种间的亲疏关系很不相同。从（A）传衍下来的 8 支后裔中，$a^{14}$，$q^{14}$，$p^{14}$ 因为刚刚从 $a^{10}$ 分出来，所以关系较密切。而 $b^{14}$ 和 $f^{14}$ 因为在很早的阶段就从 $a^{5}$ 分出来了，所以在某种程度上与前三者有所区别。最后，$o^{14}$，$i^{14}$ 和 $m^{14}$ 彼此之间关系较密切，但因为它们在修改过程的最开始就分出来了，所以与前面 5 个物种差别很大，或许它们可以组成一个亚属，或一个独立的属。

传衍自（I）的 6 支后代将形成两个亚属，甚或两个属。但是因为原始种（I）与（A）大不相同——几乎位于原始属的两端，所以（I）的 6 支后代将由于遗传的缘故而与（A）的 8 支后代显著不同。并且，这两组生物被认为曾向不同的方向歧化。还有一点很重要：连接原始种（A）和（I）的中间物种也将灭绝而不留后裔，只有（F）例外。于是，从（I）传下来的 6 个新物种和从（A）传下来的 8 个新物种就必须被列为不同的属，甚或不同的亚科。

于是，就像我预料的那样，从同属的两个或两个以上物种出发，通过伴有修改的传代产生了两个或更多的属。而这两个或两个以上亲种被认为是从较早的一个属的某个物种传下来的，在分枝图中用大写字母下面的虚线表示，这些虚线向下汇合于某个点，这个点代表了某个单一物种，被认为是分枝图中几个新亚属和属的唯一祖先。

现在让我们简要讨论一下新物种 $F^{14}$ 的性状。$F^{14}$ 在性状上出现的歧化不大，基本保持了（F）的形态。由于是从两个已灭绝的祖先种（A）和（I）之间的一种形态传衍下来的，$F^{14}$ 的性状在某种程度上介于这两个物种的两群后代之间。因为这两个群的性状已经与它们的亲种有了分歧，所以新物种 $F^{14}$ 并不直接介于两个亲种之间，而是介于两群的类型之间。

上面的讨论都基于分枝图中每条水平线代表一千代，但它们也可以代表一百万代或一亿代，还可以代表地壳中含已灭绝生物遗迹的连续地层剖面。在第十章中，我们将再次涉及这一主题，那时我们将看到这张分枝图阐明了已灭绝生物的类缘关系。虽然这些生物大多与现生生物属于同一目、科或属，但其性状通常在某种程度上介于现生物种群之间。这是因为已灭绝物种生活在非常古老的时代，当时各继承线的分枝还比较少。

我认为，没有理由把分枝图所描绘的修改过程仅限于属的形成。假设分枝图中由虚线串起来的一组形态之间的变化量非常大，则从 $a^{14}$ 到 $p^{14}$、从 $b^{14}$ 到 $f^{14}$ 和从 $o^{14}$ 到 $m^{14}$ 这三组生物将形成三个不同的属。同样，我们将看到，从（I）出发形成了两个非常不同的属，而这两个属因为性状还在不断分异以及遗传自不同的亲种，所以与从（A）传下来的三个属大不相同。根据分枝图所设定的歧化修改量的不同，这两个小属将会形成两个不同的科，甚至目。这两个新的科或目，是从原始属中的两个物种传衍下来的，而这两个物种又被认为是从更加古老的未知属中的一个物种传衍下来的。

我们发现，在任何地域都是大属中的物种最常出现变种或雏形种。这是可以预料的，因为自然选择通过一种形态在生存斗争中比其他形态占优势而起作用。它主要作用于那些已经有了某些优势的形态。而任何类群的庞大都表明，其物种从一个共祖那里继承了某种共同的优势。因此，努力产生改变了的新后裔的竞争主要在较大的类群之间展开，每个大群都在试图尽力增加自己的数量、减少竞争对手的数量，从而降低对手进一步变异和改良的机会。在同一大的类群内部，具有较高完善性的后起的亚类群能够“开枝散叶”，夺取自然政体中的许多新位置，它们将总是倾向于取代和毁掉改进较少的早期亚类群。小而破碎的类群及亚类群最终将倾向于消失。展望未来，我们可以预测：由于大类群持续而稳定地增长，大量小类群将最终灭绝，不再留下修改了的子裔。结果，在任何一个时期生存的物种中，只有极少数能传宗接代到遥远的未来。

同纲所有生物之间的类缘关系，有时候可以用一棵大树来表示。我认为这个比喻能充分反映真实情况。正出芽的绿色枝条可以用来代表现生物种；那些以往年代产生的树枝可以代表已灭绝物种的漫长演替过程。在每个生长期，所有生长的枝条都努力向各个方向发出分枝，遮盖和杀死附近的枝杈，正像在生存大战中，物种和物种群努力去压倒其他物种一样。主枝分出大枝，大枝分出越来越小的枝，它们在树还没长大之前也曾是嫩枝。这老枝、新芽通过开枝散叶的方式联系起来，正可以反映所有已灭绝物种和现生物种群下有群的分类方式。在树还十分矮小的时候，有许多小枝曾经繁荣一时，但其中只有两三枝成为大枝，生存至今并长出新的分枝。物种也一样：在久远地质时期生存的物种，只有极少数能把修改了的后裔留到现在。从这棵树生命伊始，就有许多主枝和大枝枯萎、脱落。这些大大小小的脱落树枝可以代表那些已无子裔存世、仅余化石可考的整目、整科和整属。正像有时候一个弱枝从树的下部分杈生长出来，因为某些奇缘巧合得到眷顾，至今还在旺盛地生长一样，我们偶尔会看到像鸭嘴兽或美洲肺鱼这样的动物，它们通过疏远的类缘关系将生物的两大分支联系起来，由于生活在受保护的地点，而在致命的生存竞争之后保存下来。嫩芽长出新芽，强壮的新芽会开枝散叶，遮盖周围的许多弱枝。我相信，伟大的生命之树也是这样传代的，它用脱落的枯枝填充地壳，用不断分杈的美丽枝条覆盖大地。

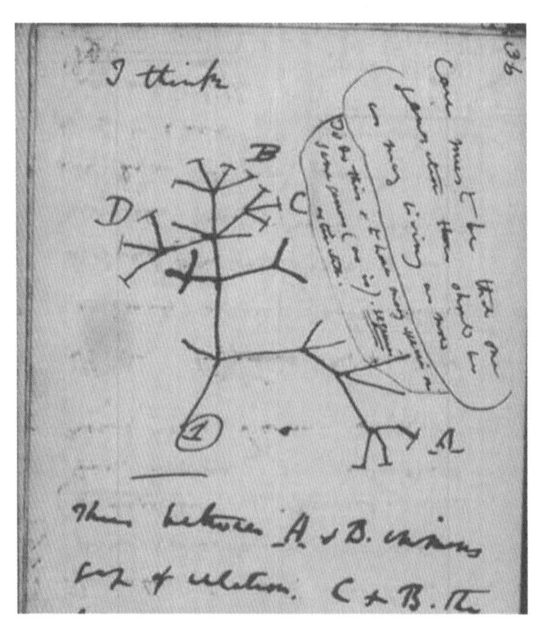


达尔文手绘的进化树

A，B，C和D各属均有现存物种，其他分枝已经消亡，使现生属之间产生不同程度的性状分异

## 第五章

# 变异的法则

拉马克
（1744—1829）

遗传和变异的规律是生物进化论的基础，但在达尔文时代，人们还没有广泛接受孟德尔（1822—1884）提出的遗传单位（现称基因）的概念。达尔文的自然选择原理是建立在当时流行的“融合遗传假说”之上的。按照“融合遗传假说”的观点，父母的遗传物质可以像血液那样发生融合。如果真是这样（12 代之后，来自祖先的血仅为 2 048：1），新产生的变异经过若干世代后就会消失，变异又怎能积累呢？达尔文自己也感到很困惑，直到晚年，他还在纠结这一问题。

尽管达尔文对于遗传现象的解释从本质上就是错误的，但在这一章中，达尔文利用观察结果，努力总结出了一些变异规则，他的观察能力值得钦佩。

达尔文提出，环境条件与自然选择的积累都能影响变异，但环境对变异的影响有限。随后提到法国生物学家拉马克在 19 世纪初提出的“用进废退”说，即习性对变异也有影响。拉马克认为生物经常使用的器官会变得发达，不经常使用的器官会逐渐退化，如雄鹿由于决斗而发展了鹿角，鼹鼠由于不用眼睛而使眼睛退化等，并认为生物能把适应环境过程中所获得的某些性状传给子代。达尔文不完全同意拉马克的观点，他认为自然选择对变异的作用更大，但自然选择无力阻止一些变得无用的部位出现变异，这些部位就留给“用进废退”效用来自由发挥作用了。

## 环境对变异的影响有限

以前我有时把变异说得似乎只是出于偶然，这么说当然是不对的。某些作者认为，正像使子代肖似亲代是生殖系统的功能一样，产生个体差异或非常微小的结构偏差同样是生殖系统的功能。但是，与自然状态下相比，在家养或栽培状态下会出现更大的变异和频度更高的畸形，这使我认为，结构偏差在某种程度上是由生存环境的性质造成的——亲代及几代远祖都暴露在这种环境之下。我在第一章中已经叙述过，生殖系统极易受生存环境的影响，是后代易变性的主要原因。可是，为什么生殖系统受到干扰后，某一部分就会发生或大或小的变化呢？我们对此一无所知，不过能够模糊地感觉到：每个结构偏差，不管多么微小，必定事出有因。

很难确定气候、食物等的不同会对生物产生多大的直接影响。我的印象是：它们对动物的影响极小，但对植物的影响可能要大得多。不过，我们起码可以放心地说，这些影响不可能导致生物之间许许多多显著而复杂的相互适应，这样的相互适应在自然界随处可见。某些小影响可以归因于气候、食物等——例如，根据福布斯的说法，南方生活在浅水中的贝类，其色彩要比生活在北方或深水中的同种贝类更鲜艳。

当某个变异对生物的用处非常小的时候，我们不能说出这个变异多大程度上归因于自然选择的积累作用，多大程度上归因于生存环境。例如，皮货商们都知道：同一种动物的毛皮越厚、越好，说明所处的气候越严酷。但是，谁能说出，这类差别有多少是因为毛皮最保暖的个体在很多世代里受到眷顾被保存了下来，又有多少是因为严酷气候的直接作用呢？因为气候对家养动物的毛皮似乎具有某些直接的影响。

可以举出在显然不同的生存环境下产生相同变种的例子；反过来，也有同一物种在相同环境下生成不同变种的例子。这些事实表明，生存环境的作用必定是相当间接的。上述考量促使我认为，生存环境的直接作用效果非常小。

## “用进废退”效应

根据第一章提到的事实，基本可以确定，家养动物因为“用”而强化和增大了某些部分，因为“废用”而减小了某些部分，并且这种修改是遗传的。在不羁的自然状态下，因为我们不知道祖先型，所以也就没有“比对标准”来评判“用”或“废用”的长期效果。不过，有许多动物的结构可以用“废用”效应来进行解释。我认为，在没有食肉兽的海洋岛上，几种鸟近乎无翼的状态乃是由于“废用”导致的；首铠蜣（*Onites apelles*）跗节的缺失，以及其他一些属跗节的残迹状态，是它们的祖先长期“废用”的结果。

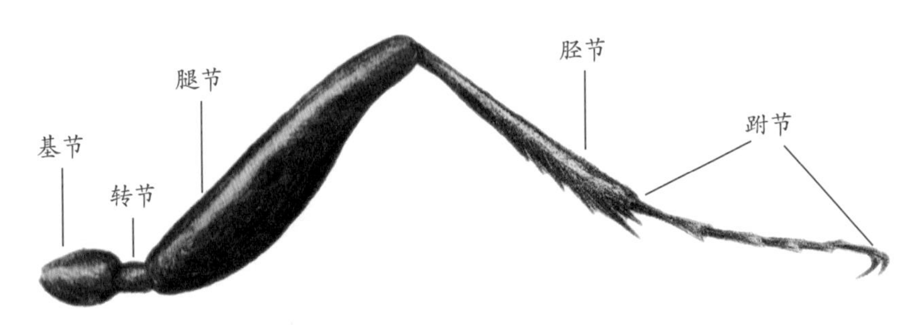


昆虫的跗节

昆虫的跗节常由1～5个亚节，即跗分节组成。原尾目、双尾目、部分弹尾目和多数完全变态昆虫的幼虫的跗节为1节，有翅亚纲的成虫及不完全变态若虫或稚虫的跗节多为2～5节

在一些实例中，我们可能很容易就把完全由于，或主要由于自然选择而发生的结构修改归因于“废用”。例如，栖息于马德拉岛的550种甲虫中，有200种翅膀非常不完善，以至于不能飞行；29个当地属中，有不下23个属的所有物种都是如此。某些按习性几乎必须经常飞行的大群甲虫，繁荣于世界各地，但在马德拉岛几乎完全没有。根据以上几项考量，我认为，这么多马德拉甲虫的无翼状态主要是由自然选择的作用导致的，但也可能包含了“废用”的影响：在连续的成千上万代，飞得少的甲虫因为不被吹到海里将获得最佳的生存机会，而那些总是做好准备飞行的甲虫则最经常被吹到海里淹死。

马德拉岛上的那些不在地表取食的昆虫，必定习惯于用翅膀来谋取食物。据推测，它们的翅膀并没有变小，甚至变得更大。这完全符合自然选择的作用。当一种新来的昆虫刚登上马德拉岛时，自然选择的趋势是要增大还是减小它的翅膀，取决于大多数个体是能成功地与风抗争而保存下来，还是放弃抗争从此很少飞翔或不再飞翔。

鼹鼠和某些穴居啮齿动物的眼睛都很小，有时完全被皮和毛所覆盖。这大概是因为“废用”而导致了逐渐退化，但也可能受到了自然选择的助推。在南美，有一种被称作土库土科鼠的啮齿动物比鼹鼠更习惯于穴居，一位经常抓土库土科鼠的西班牙人告诉我，它们经常是瞎眼的，我养的一只土库土科鼠也是如此。从解剖结果来看，瞎眼的原因是瞬膜发炎。因为眼睛频繁发炎对动物有害，而且对习惯于地下生活的动物来说，眼睛并非不可缺少，所以眼睛变小、眼睑粘连、毛皮覆盖可能对动物有利。如果的确有利，自然

土库土科鼠

选择将帮助“废用”发挥效力。

众所周知，有几种属于不同纲的穴居动物是瞎眼的。某些螃蟹的眼睛已经消失，但眼柄依然存在，好比望远镜支架还在，透镜却没有了。眼睛虽然无用，但也难以想象它会使黑暗中生活的动物受到损害，所以我把眼睛的消失完全归咎于“废用”。有一种叫洞鼠的盲目动物眼睛很大，西利曼教授认为，在光照下生活几天，它们的视力就会轻微恢复。在洞鼠身上，自然选择和光线不足进行了斗争，结果使眼睛的尺寸得以增大；而对于所有其他穴居动物，看来是“废用”单独发挥了作用。

没有哪里的生存环境比在石灰岩深洞中更相似了，那里的生物处于几乎一致的气候之下，若根据“盲目动物被分别创造在了美洲洞穴和欧洲洞穴”这种通行观点，我们本应该期待两地盲目动物的组织和亲缘关系十分相近。但实情并非如此，两洲穴居昆虫之间的近似程度，并不高于两洲其他生物的一般相似性。依我看，我们必须设想某些曾具有正常视力的美洲动物，在连续的世代，缓慢地从外界迁居到越来越深的肯塔基洞穴深处，正如某些欧洲动物迁居到欧洲洞穴中一样。我们有证据能证明这种习性的渐变。舍特曾经说过：“与普通形态无太大不同的动物，为从光明转进到黑暗准备了过渡，随后出现了构造适应微光的动物，最后是那些注定适应完全黑暗的动物。”经过无数世代之后，当一只动物走到洞穴的最深处时，“废用”将致残它的眼睛，而自然选择往往会实施其他改变，以补偿失明之损失。除了这些修改，我们还可以期待看到，美洲穴居动物和美洲大陆其他动物的亲缘关系，以及欧洲穴居动物和欧洲大陆其他生物的亲缘关系。按照“它们被独立创造出来”的通行观点，人们很难合理地解释两块大陆上盲目穴居动物与所在大陆上其他动物之间的亲缘关系。

## 风土驯化

同属的不同种经常被发现同时分布在非常热的地区和非常冷的地区。我认为同属的所有物种，都传衍自某单一亲种。如果这个观点是正确的，则在长期的传衍中，风土驯化一定曾发挥过作用。每个物种都适应其本土的气候，如：北极种或温带种不能忍受热带气候，反之亦然；许多肉质植物不能忍受潮湿气候。但是，关于物种对所处气候的适应程度，人们往往言过其实。这一点从我们总是不能预测一种引进植物能否忍受英国的气候，以及从较热地区引入英国之后健康状况良好的动植物的数量，就可以看出来。我们有理由认为：在自然状态下，物种分布范围的大小由该物种同其他生物的竞争所决定，这种竞争的效用等于甚至超过此物种对具体气候的适应。

我认为，家养动物起初之所以被未开化的人选中，是因为它们对人有用，且在圈养状态下不难繁殖，而不是因为后来发现它们能够被运输到遥远的地方。家养动物不仅耐受极端不同的气候并且在不同气候下仍然完全可育的能力，可以作为一项论据表明，目前在自然状态下，大多数其他动物也可以适应差异极大的气候。大鼠和小鼠不能算家养动物，但它们被人类带到了世界各地，现在可以自由地生活在寒冷的气候和炎热的气候之下。于是，我倾向于把对任何一种具体气候的适应看作是大多数动物所共有的一种品性。根据这个观点，早期的大象和犀牛能够忍受冰期气候，而现生种都变成热带或亚热带习性的事实，就不应当被看作是反常，而应当被看作是体质普遍存在的灵活性在特殊环境下发挥作用的例证。

物种对任何具体气候的风土驯化，多大程度上仅仅归因于习性，多大程度上归因于自然选择，又在多大程度上归因于二者结合所致？这个问题非常令人费解。农学家们不断告诫，把动物从一地迁移到另一地时必须非常谨慎——因为人类不太可能选择出这么多体质能适应不同地区环境条件的品种和亚品种。从这一点来看，习性必定具有某些影响；另一方面，自然选择会不断地倾向于保存那些生来体质最适应本土的个体。

总而言之，我认为：在某些情况下，习性和“用进废退”在生物体质及各种器官结构的改变上发挥了相当可观的作用；但“用进废退”经常与自然选择结合起来发挥作用，有时还会被自然选择所压制。

## 相关生长律

在生长和发育的过程中，整个生物体各部分紧密地绑定在一起，如果某个部分发生了小的变异，并被自然选择积累下来，其他部分也会相应地发生修改。最明显的例子是：仅为幼体利益积累下来的修改会影响成体的结构；同样，影响早期胚胎的畸形也会严重影响成体的整体构造。

但是，这种相关性纽带的性质往往非常令人费解。某些畸形常常相互关联，而另一些畸形极少相互关联。猫眼蓝和耳聋相关，呈龟壳色的猫总是雌性……还有什么比这些关系更奇特呢？哺乳动物中外表最反常的鲸目和贫齿目（犰狳、穿山甲等）牙齿都极为奇特，我认为这也并非偶然。

据我所知，再没有什么例子比菊科和伞形科植物内外花的差异更能说明相关律在修改重要结构时的重要性。这些结构无关“有用性”，从而也无关自然选择。众所周知，雏菊边花和中央花有差异，而这个差异往往伴有花的部分败育。

雏菊

某些菊科植物的种子在形状和雕饰上也有所不同，这些不同被某些作者归因于压力。但在伞形科中，花序最密的物种，其内外花的差异往往不是最大的。这些被分类学家高度重视的结构修改，有可能完全是由“相关生长”的某些未知规律导致的，并且据我们所知，它们对物种并没有任何用处。

老圣提雷尔和歌德[①]几乎同时提出生长的补偿律或称平衡律。歌德说过：“大自然在一方面花费，就意味着被迫在另一方面节省。”我认为，在某种程度上，这也适用于家养生物：如果营养过多地流向某一部分或器官，它就不会大量流向另一部分。因此，很难得到产奶多、增肥又快的牛；甘蓝变种也不会在叶多而肥的同时，结出大量富含油质的种子。对于自然状态下的物种，很难说这条规律能普遍适用，但许多优秀的观察家，尤其是植物学家，相信它的真实性。在这里我不打算举例，因为几乎没有办法能区分以下两种情况：一是一部分因自然选择而发展，而相邻部分因自然选择或“废用”而减小；二是一部分因生长过盛而攫取了相邻部分的营养。

我还推测，补偿的例子和其他类似情况可以纳入一个总括性原则，即“自然选择在不断地试图对生物组织的每个部分实行节约”。在生存环境改变的情况下，如果一个曾经有用的结构变得不太有用，它在发育中的任何缩减，不论多么微小，都会被自然选择抓住——因为不把养料浪费在无用的结构上是个体的福祉。在观察蔓足类时，令人惊异的事实使我理解了这一点。大部分蔓足类动物的头胸甲前部都包含三个非常发达的节，具有硕大的神经和肌肉，但在因寄生而受到另一蔓足类保护的石砌属身体上，这些都退化了，只留下极小的残迹附着在触角根部。石砌属的寄生习性使这个庞大而复杂的结构成为多余，

① 1749—1832，德国诗人、剧作家，代表作为《浮士德》。在自然科学方面也有贡献，著有关于植物形态学和颜色学的论文。

哪怕经历很缓慢的步骤削减掉这个部分，该物种的每只后代都将具有决定性的优势——因为每只个体浪费在营造无用结构上的养料越少，就越有机会更好地供养自己。

欧文（1804—1892）
英国解剖学家、古生物学家

据此我相信，一旦生物体的某一部分变得多余，自然选择总能成功地把它削减掉，绝不会导致其他部分发生相应的增大。反过来也一样，自然选择可以使一个器官发展，而无须缩减毗连部位作为补偿。

正如小圣提雷尔所述，似乎有这样一条规律：不论是物种还是变种，当同一个体的结构中有某一部分或器官重复多次的时候（如蛇的椎骨、多雄蕊花的雄蕊），其数目会不稳定。小圣提雷尔和一些植物学家进一步指出，重复的部分也极易发生结构上的变异。这种欧文教授所称的“生长性重复”似乎是低等生物的标志，因此，前面的描述似乎与博物学家的普遍看法相关联，即自然等级上较低的生物比较高的生物更容易发生变异。这里我所说的“低等”是指，生物体的若干部分仅发生了非常有限的功能专门化。而只要同一部分扮演不同的角色，我们就能理解它为什么必须保持可变，以及为什么自然选择在保留或抛弃形态上的微小变异时会比有特殊用处的部分更宽松。正如用来切各种东西的刀可以是任意形状，而用于切特殊物体的刀最好有特殊形状一样。

残迹部位极易发生变化，它们的可变性看起来是由于无用，因而自然选择无力阻止它们出现结构偏差，于是残迹部位就留给“废用”效用和返祖倾向等“生长律”来自由发挥作用了。

## 异常发达的部位易变异

与近似种的对等部位相比，任何物种的高度发达的部位更易于发生变异。要说服别人认同这一观点，就必须列出我所搜集的大量事实，但在这里不可能一一列出，我只能声明，我确信这是一条普遍规律。应该理解：这条规律只适用于，和近似种的对等部位相比，发育不正常的部位。在哺乳纲中，蝙蝠的翼是最反常的结构，但是这条规律对它并不适用，因为整个蝙蝠类群都有双翼，只有当某个蝙蝠物种的双翼与同属其他物种相比异常发达时才适用。这条规律明显适用于副性征[①]（也许因为副性征具有很大的可变性），但并不局限于副性征。在此我只简要地举一个例子来说明这条规律的巨大作用。无柄蔓足类（如岩藤壶）的盖板是非常重要的结构，即使不同属的蔓足类，盖板差别也极小。但四甲藤壶属的几个物种却有差异惊人的盖板，有时这些同源的盖板在形状上完全不一样。可以毫不夸张地说，这一重要结构在同种各变种之间的差异，

藤壶

甲壳纲藤壶科。成体一般有石灰质壳板，头端朝下固着在岩石、桩基、船体、浮木和海草上，或从蛤到鲸等较大的动物体上。由蔓足（胸肢变化而成，顶端弯曲，形如瓜蔓，可伸出壳外）捕食微小的食物颗粒

① 又称第二性征，指人和动物性成熟所表现的、与性别有关的外表特征。

要大于不同属物种之间的差异。

当我们发现一个物种的任一部位或器官发育得超乎寻常时，就可以合理地认为，这一部位对该物种特别重要，也正是这样的部位容易发生变异。为什么会这样？按照每个物种都是被独立创造，并且各部分从未发生过改变的观点，是无法解释的；但是，根据每一群物种都是从其他物种传衍下来的，并且通过自然选择进行了修改的观点，我们就能找到一些线索。在家养动物中，如果任何部位或动物整体被忽视，从而不再被选择，那么这个部位或整个品种就不再有几乎一致的性状，这个品种就退化了。在残迹器官和没有专门化的器官中，我们也看到了类似的情况，因为在上述情况下，自然选择或者还没有完全发挥作用，或者不能完全发挥作用。但在这里我们特别关注的是：在家养动物中，那些目前正由于持续的选择而发生快速变化的部位，也极易发生变异。以鸽子为例，即使想要繁殖近乎完美的亚品种（如短面翻飞鸽）也非常不容易，新生个体经常与标准相差很大。可以说，两方面的力量在不停地斗争：一方面是返回改进较少的状态的倾向，以及发生各种变异的内在倾向，另一方面是持续选择以保持品种纯正的力量。虽然长时间来讲，选择的力量获胜了，但只要选择仍在快速进行，修改的结构还是会出现很大的变数。

现在让我们看一看自然界的情况。当某物种的一个部位与同属其他物种相比，出现了超常发育时，我们可以得出结论，自这个物种从该属的共祖分出去之后，它的这个部位发生了超常程度的修改。因为物种的持续时间很难超过一个地质时期，所以这段超常修改的时间通常不会太久远。“超常程度的修改”是指，自然选择为物种利益持续积累下来的异常大且持久的变异。超常发育部位或器官的变异性是如此之大，并且在不是很久远的一段时期长期持续，以至于我们期待，经常能在这些部位发现，比长期保持稳定不变的部位更多的变异。我相信事实就是如此，自然选择与返祖倾向、变异倾向之间的斗争，会随着时间的推移而停止，于是令最超常发育的器官也稳定下来。一个器官可能很奇特，但如果它已经以几乎不变的状态传承给了许多修改后的子裔（如蝙蝠的翼），则根据我的理论，它必然已经以近乎同样的状态经历了漫长的时代，于是可变性也就不比任何其他结构强了。只有在晚近的和非常大的修改中，我们才能发现发育变异性的显著存在。

上述论述所包含的原理可以推而广之。众所周知，种征[1]比属征[2]更容易发生变异。大多数博物学家认为，这是因为种征选自不重要的生理特征，而属征通常选自重要的生理特征。但我认为，这个解释只是部分正确、间接正确。

按照每个物种都是被独立创造出来的通行观点，根本无法解释为什么同属物种之间有差异的部位（种征）比好几个物种之间都很相似的部位（属征）更容易发生变异。但是，如果认为物种只是特征显著的固定变种，我们就必然期待：在较近时代发生变化而变得不同的结构，经常会继续发生变化。依我看，属征是从一个遥远的共祖遗传下来的，自那时起到现在，诸物种的属征只发生了微小的变化，所以时至今日它们也就不可能发生变化了。而种征是诸物种从共祖分出来的时候发生变异从而变得不同的，所以它们很可能还经常在某种程度上发生变异。

木吸虫

有一项惊人的事实：同种两性间副性征展现差别的部位，通常和同属各物种彼此间发生差别的部位相同。例如，大多数类群的

① 同属某物种与另一物种的不同特征。
② 属内一切物种相似，而与其他属相异的特征。

甲虫通常具有相同数量的跗节，但在木吸虫科的不同物种中，跗节的数目差别很大；在同种的两性之间，跗节数目也不一样。这种关联对于我就此问题的观点具有很明确的意义——我认为同属的所有物种都必定传衍自一个共祖，正像任何物种的两性都有共同祖先一样。

最后就以上讨论做一下总结：使物种区别彼此的种征要比诸物种所共有的属征具有更大的变异性；与同属其他物种的对等部位相比，某个物种发育异常的部位经常出现极端变异性；如果某个部位发育异常，却是一整群物种的共同特征，那么该部位也不会有高度的变异性；副性征具有高度的变异性，近似种的副性征差异很大；副性征和普通的种间区别通常表现在生物体的同一部位。上述规律都是紧密联系在一起的。造成所有这一切的主要原因是，同一群物种是从一个共祖传衍下来的。

# 返祖和类似变异

不同物种呈现出类似的变异；某个物种的变种经常具有类似物种的性状，或重现早期祖先的一些性状。

观察一下家养动植物，就不难理解这些观察结果。差别极大的几个鸽子品种都能出现头上生有反羽、脚下生有羽毛的亚变种——这是岩鸽所不具有的性状，应该算两个或更多不同品种的类似变异；球胸鸽经常呈现 14 支甚至 16 支尾羽，这种变异可以看作是表现了另一个品种——扇尾鸽的正常结构；所有品种都会偶尔出现深蓝灰色的鸽子，翅膀上有两条黑带，腰部白色，尾端也有一条带子，这是祖先岩鸽的性状。我想不会有人怀疑，所有这些类似变异都是因为，在类似的未知影响下，几个品种的鸽子都从共祖那里遗传了同样的体质和同样的变异倾向。

性状丧失很多代甚至几百代之后还能重现，无疑是一项惊人的事实。造成这种情况最可能的原因是：并非后裔突然重获几百代之前远祖的性状，而是每一个后续世代都存在回到祖先性状的倾向，最后终于在某些未知的有利条件下发生了返祖。

根据我的理论，同属的所有物种都传衍自一个共祖，因此可以期待，它们有时会以类似方式发生变异，于是，某物种的一个变种就会具有某些与另一物种类似的性状；在我看来，另一物种只是特征显著的永久变种而已。但是，以这种方式得来的性状大概不会太重要。重要性状都受控于自然选择并与物种的不同习性相符，不会丢给“生存环境”和“相似遗传体质”的相互作用去支配。我们还可以进一步期待，这些同属的各物种将偶尔出现返祖现象。在我们不知道共祖确切性状的情况下，是无法判断哪些是返祖，哪些是类似变异的；不过，根据我的理论，我们总能找到一个物种的变异后代具有见于同类群其他成员的性状。自然界的情况无疑证实了这一点。

对变异的物种进行分类的主要难点在于，它的变种与同属的其他物种很相像。两端的形态是变种还是物种都搞不清楚，更何况两者之间还有一长串中间形态。这表明，要么认为所有这些形态都是被分别创造的物种，要么认为一种正在变异中的形态获取了另一个物种的某些性状而成为中间形态。最好的证据是，始终如一的重要部位或器官偶尔会发生变化，从而在某种程度上获得了某近似种对等部位或器官的性状。我收集了一系列这种例子，在这里不宜一一列举，我只能反复强调，这样的例子确实存在，而且在我看来非常显著。

不过，我要举一个奇怪而复杂的例子，这个例子虽然不影响任何重要性状，但会发生在同属的几个物种身上，其中一部分物种处于家养状态，一部分物种处于自然状态。这个例子属于返祖现象。常常会有驴腿像斑马腿一样长出独特的条纹，肩上的条纹有时是成双的，其长度和轮廓当然是可变的。

至于马，我在英国搜集了很多不同品种的马脊部生有条纹的例子。在印度西北部，凯替华品种的马通常是有条纹的，无条纹的马会被认为不是纯种。这个品种的马脊部总是有条纹，腿上通常也有条纹，肩纹很常见，有时是两条，有时是三条。

现在，让我们来研究一下马属中几个物种的杂交效果。驴和马生出来的普通骡子特别容易在腿上生条纹；驴和斑马杂交的后代在腿上的条纹比身体其余部分的条纹更明显；栗色母马和公斑驴杂交得到的杂种，腿部条纹比纯种斑驴还要明显。

斑驴

一种已灭绝动物，又称白氏斑马。体形类似小型马，花纹类似斑马。头部、颈部和肩部为褐白色条纹，其他部分为黄褐色，但腹部和脚为白色

关于这几项事实，我们应该怎么解释呢？我们看到，马属中几个非常不同的物种通过简单的变异，在腿部产生了像斑马一样的条纹，或者在肩部产生了像驴一样的条纹。我们还看到，在杂种身上出现条纹的倾向最强烈。现在，我们来看一看几个品种鸽子的情况，它们都

是从一种蓝色的鸽子（包含两三个亚种或地理宗）传衍下来的，这种鸽子带有特殊条纹和其他标记。当任何品种的鸽子通过简单变异具有蓝色的时候，条纹和其他标记通常会重现，而不会出现形态或性状上的其他变化。当颜色各异的最古纯系鸽子发生杂交时，我们发现混种中存在很强的重现蓝色、条纹和其他标记的倾向。前面说过，能用于解释重现远古性状的最佳假说是：后代的幼体都有一种倾向，即重现久已丧失的性状，由于某些未知的原因，有时这种倾向会占上风。我们发现，马属几个物种产生条纹的现象，更清楚或更普遍地出现在幼崽，而不是老马身上。如果我们把那些几百年来保持纯种的鸽子品种称为“物种”，那么它们的情况就和马属物种的情况别无二致了！我敢自信地设想，千万代以前，有一种带有斑马样条纹但在结构的其他方面非常不同的动物。不论传衍自一个还是多个野生种，它就是家养马、驴、亚洲野驴、斑驴和斑马的共同祖先。

相信各种马都是被独立创造出来的人将主张：每个物种被创造出来的时候就具有这样一种倾向，不论是在自然状态下还是在家养状态下，都以特定的方式发生改变，于是它们经常变得像同属的其他物种那样生有条纹；每个物种被创造出来的时候还具有另一种强烈的倾向，使得它们和来自遥远地方的物种发生杂交之后，产生的杂种具有的条纹不像生身父母，反而像该属的其他物种。在我看来，认可这种观点等同于去真存伪，或者至少是拒绝真实情况而诉诸未知的原因。这种观点使上帝的工作成了模仿和欺骗；与其这样，我还不如相信老朽无知的“天地创生论者”，认为化石贝类从未活过，它们被制造于石头中，仅仅是为了模仿目前生活在海滩上的贝类而已。

我们对变异的法则知之甚少。为什么后代和亲种的对等部位会有或大或小的差别？在一百个这样的例子中，恐怕连一个我们能自称知道原因的也没有。但是，每当我们设法进行对比的时候，都会发现同样的规律——同一物种诸变种之间的差别较小；同属诸物种之间的差别较大——在起作用。可以肯定，后代与亲种之间的差别，不管多么微小，必定事出有因！当这些差别对个体有利的时候，通过自然选择对它们的不断积累，就导致结构上出现最重要的修改。这样，地球上的无数生物就能彼此竞争，得以生存下来的总是最适者。

# 第六章

# 学说的困难之处

在这一章中，达尔文举出了四类反对意见：为什么很难在自然界中找到过渡变种；像眼睛那样复杂的器官如何通过自然选择形成；用自然选择如何解释本能；为什么物种间杂交不育，而变种间杂交不受影响。在本章和接下来的两章，达尔文采用先展示问题然后提出解答的方式论述。他试图说明，这些困难只是表面现象，不足以对他的理论构成威胁。

关于第一类困难，达尔文认为答案主要在于地质记录不完备。另一个原因是，过渡变种已经在自然选择过程中被取代或剪灭，因为持续时间短、数量少，所以没有留下地质记录。

关于第二类困难，达尔文坦言：如果能证实有一种复杂的器官，不可能由无数连续的微小修改而形成，那么我的学说就会彻底失败。人眼由视网膜、晶状体、玻璃体等组成，视觉过程非常复杂：光透过角膜，穿过自动调节的瞳孔，抵达自动调节的晶状体，然后会聚在视网膜后端，约1.3亿个感光细胞参与光化学反应，把光转成点脉冲并迅速传至大脑，大脑对信息进行解读从而形成视觉。这么复杂的器官怎么可能是进化来的呢？从数学角度看，眼睛的进化不可能由积累小突变而来，因为需要的小突变数目太大，而进化的时间还不够漫长。但达尔文坚持认为，如果眼睛的变异或修改对动物有利，那么认为自然选择能够造就完美而复杂的眼睛也就不是难题了。

# 学说的困难之处

读到本章之前，想必读者们早已发现学说中的很多困难。有些困难如此严重，以至于现在想起它们来，我仍不免踟蹰。然而，根据我的判断，大部分困难只是表面现象，即使真实存在的困难，也不会对我的理论构成致命的影响。

这些困难和反对意见可以归为以下几类：

第一，既然物种逐渐传衍，生出了其他物种，为什么我们没有到处看到数不清的过渡形态呢？为什么自然界中的诸物种是界限明确的，而不是混淆不清的呢？

第二，一种动物，如蝙蝠，会是由某种习性完全不同的动物经过修改形成的吗？我们能相信自然选择一方面可以产生无关紧要的器官，另一方面又可以产生具有奇妙结构的器官，如眼睛吗？

第三，本能可以通过自然选择获得和修改吗？我们怎么解释诸如指引蜜蜂筑巢那样的绝妙本能呢？

最后，物种间杂交或者不育，或者产生的后代不育；而变种间杂交时，能育性却不受影响。这一点应该如何解释？

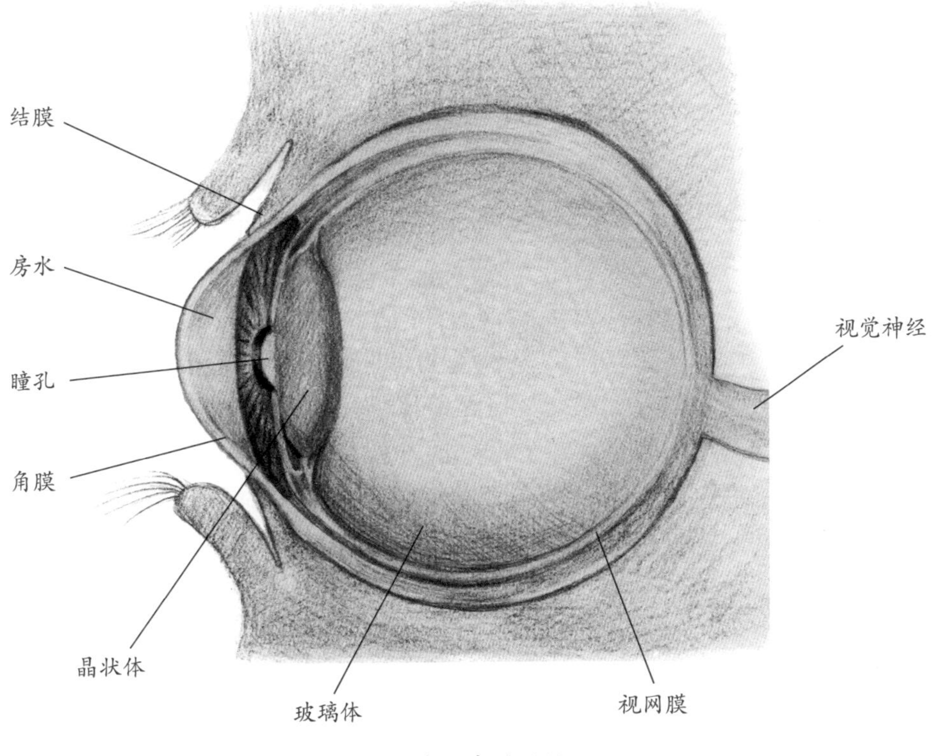


眼睛的奇妙结构

本章将讨论前两类困难，后两类困难——本能和杂交，将在另外两章进行讨论。

## 论过渡变种的缺失或稀少

自然选择只通过保存有利的修改而起作用。在被生物完全占满的地方，每一种新形态都倾向于在竞争中取代并最终消灭其改进较小的祖先型，或其他较少受眷顾的形态。于是我们看到，灭绝和自然选择如影随形。如果我们把每个物种都看作是从某个未知形态传衍下来的，则新形态形成和完善的过程本身，往往就是在消灭祖先型和所有过渡变种。

然而，根据这个理论，必然曾经存在过数不清的过渡形态，为什么我们没有发现在地壳中埋藏着大量的过渡形态呢？我认为主要原因在于，地质记录的完备性远远逊于我们通常的设想。这主要是因为生物不都生活在深邃的海洋——只有生物的遗体埋藏到足够宽、足够厚的沉积中，才能抵抗腐烂降解，才能保存到未来年代，而这种含化石地层只有在大量沉积物沉积在缓慢下沉的浅海床上时才能形成。恐怕这种情形间隔很长时间才会发生一次。当海床静止不动或抬升时，或当沉积很少发生时，地质历史就会出现空白。地壳是一座浩大的博物馆，只是自然藏品的形成时间间隔很长。

尽管如此，仍然会有人力陈：如果几个近似种居住在同一片地方，就应该能在当前找到大量的过渡形态。让我们举一个简单的例子：当我们在一块大陆上从北向南旅行时，每间隔一段距离就会遇到近似种或代表种，显然它们在这块大陆的“自然经济体”中占据着几乎相同的位置。这些代表种经常混生；随着一种生物越来越稀少，其他生物会越来越常见，直到后者完全取代前者。但是，如果我们在混生的地方比较两个物种，就会发现它们在结构的每一丝细节上都截然不同，就像从它们各自的中心栖息地采集的标本一样。根据我的理论，这些近似种都传衍自一个共祖，在发生修改的过程中，各自适应了本土的生存条件，从而取代和消灭了祖先种，以及其过去形态和现在形态之间的所有过渡变种。因此，尽管它们肯定曾经存在过，但我们不应当期待目前在各地都能碰到很多过渡性变种。不过，在生存条件居中的中间地区，为什么现在也找不到紧密连接的过渡变种呢？我认为这一难点在很大程度上是能够得到解释的。

首先，我们不能因为一个地区目前是连续的，就推断它在之前很长一段时间也是连续的。甚至在第三纪晚期，绝大多数大陆都还是破碎的岛屿，在这些岛屿上，有可能分别形成了不同的物种，而不可能“在中间地区存在过渡变种”。由于陆海变迁和气候变化，许多目前连续的海区在不久前还非常不连续、不均一，不过我不打算用这种解释来逃避困难。虽然我不怀疑，一些连续地区过去的破碎状态曾经在新物种的形成中发挥了重要作用，但是我相信，许多界限明确的物种曾经形成于完全连续的地区！

现今分布于一片广大地域的物种，通常在很大一片地域都堪称丁口众多，但在边界处突然越变越稀少，直至消失。也就是说，两个代表种之间的中立地带通常比它们各自所在的地带狭窄。我们在登山的时候，也看到了同样的事实——有时一种普通的高山植物出乎意料地突然消失了。认为决定分布的最重要因素是气候和非生物环境的学者，会惊讶于上述事实，因为气候和高度（或深度）是在不知不觉中缓慢变化的！但是，我们应该牢记，任何一地生物的分布范围绝不仅仅取决于缓慢改变的非生物环境，而是在很大程度上取决于其他物种的存在；因为后者已经是界限明确的事物，没有与难以察觉的过渡形态相混淆，既然一个物种的分布范围取决于其他物种的分布范围，其界限也将倾向于明确界定。

我认为，当近似种或代表种生存于一个连续区域时，其分布方式通常是：每个物种都有宽广的领地，而两个物种之间的中立地带较窄，它们在那里突然变得稀少。如果我的上述看法是正确的，并且变种和物种之间并没有本质上的区别，则相同的法则很可能也适用于变种。根据我了解的情况，这条规律对于自然状态下的变种是成立的。在介于藤壶属特征显著的变种之间的过渡变种中，有几个例子很好地符合这一规律。根据沃森先生等人提供的情况，介于两种形态之间的变种通常在数量上少于它所连接的变种，由此我们不难理解，为什么过渡变种持续不了多长时间，即“它们通常会比被它们连接的形态更快地灭绝”。

总之，我认为可以把物种看作是界限明确的事物，它们从不会因为存在一些变异的中间环节而呈现不可分解的混乱。第一，其原因在于新变种的形成非常缓慢。由于变异是一个非常缓慢的过程，只有在有利变异偶然发生，并且某地自然系统中恰好有一个位置能够被某个或某些修改的生物更好地占据时，自然选择才有用武之地。

第二，有不少目前连续的地区不久前曾是相互隔离的部分，很多形态，尤其是每次生育前必须交配和到处漫游的形态，已经变得非常不同，以至于可以被列为代表种；几个代表种和它们的共祖之间的过渡变种必定曾经存在于这块陆地上的每个隔离的部分，但是已经在自然选择过程中被取代和剪灭了。

第三，当两个或多个变种在一个连续地区的不同部分形成的时候，过渡变种很可能首先形成于中间地带，但通常持续时间短、数量少。

最后，不能只看一个时间段，还要看整个时期。如果我的学说是正确的，则必然存在过无数过渡变种将同一类群中的每个物种最紧密地联系起来，但是，自然选择过程总是倾向于剪灭祖先型和中间的变种。

## 论具有特殊习性和构造的生物的起源与过渡

反对我所持观点的人曾经问：陆生食肉动物是怎么变成水生的？这类动物在处于过渡状态时是怎么生存下来的？不难表明，在同一类群食肉动物中，从严格的陆生到真正的水生之间存在着各个级别的中间形态。每一种形态都在生存斗争中得以保存，显然它们的习性都与它们在自然界中所处的位置相适应。请看北美洲的水貂（*Mustela vison*）——脚上有蹼，毛皮、短腿和尾巴的形态都像水獭。这种动物在夏季会潜到水下以捕鱼为生，但在漫长的冬季，它会离开冰冻的水，像鸡貂一样捕食老鼠和陆生动物。还有人问：食虫的四足兽是怎么变成蝙蝠的？这个问题更困难，令我无法回答。但我认为，这样的困难无足轻重。

北美洲的水貂

请看松鼠科。松鼠科成员的分级最细：有的尾巴只是略微扁平；有的身体后部相当宽，两侧的皮膜相当伸展；还有所谓“飞行松鼠”[1]，四肢甚至尾巴根部都被宽大舒展的皮连接起来，起到了降落伞的作用，使它们能从一棵树滑到相距遥远的另一棵树。不容怀疑，每一种结构对于栖息地不同的每一种松鼠来说都是有用的，比如使它们逃脱鸟兽天敌和更快地采集食物。但是，不能据此认为，每一种松鼠的结构在所有自然态环境中都是所能想到的最佳结构。如果气候或植被等因素发生变化，那么，除非松鼠的结构能得到相应的修改和改良，否则最起码某些松鼠会数量减少乃至灭绝。因此，通过不断地保存皮膜越来越扩展的个体——每一步修改都有用，都能传衍下去，直到在自然选择过程的积累作用下产生了完美的“飞行松鼠”，我认为这是没有困难的，尤其是在生活环境发生变化的条件下。

猫猴

哺乳纲皮翼目鼯猴科。体侧自颈部直至尾部具有大而薄的滑翔膜，状似啮齿动物鼯鼠，面部很像狐猴

猫猴类，或称飞狐猴，具有极其宽大的皮膜，从嘴角一直延伸到尾巴，并且包住了四肢和长趾。虽然目前没有适合空中滑翔的渐变结构将猫猴和其他狐猴类联系起来，但我认为，不难设想这样的环节曾经存在过。此外，自然选择有可能显著增长猫猴由膜连接的趾和前肢，从而仅就飞行器官而言，把它转变成了蝙蝠。

如果鸟类中只把翅膀用来划水的

① 这里指鼯鼠。鼯鼠是一种哺乳动物，外形像松鼠，前后肢之间有宽大的薄膜，能利用前后肢之间的薄膜从高处向下滑翔。

呆头鸭

无翼鸟

鸟纲无翼鸟科。翼退化，不能飞，嘴细长而稍下曲，上嘴近末端具鼻孔，嗅觉极灵敏，常栖息于茂密的灌木丛中，夜出活动。主食蠕虫和昆虫，也吃植物

呆头鸭，在水中把翅膀当鳍来用、在陆地上当前肢来用的企鹅，把翅膀当作风帆来用的鸵鸟和翅膀无功用的无翼鸟已经灭绝或湮灭无闻，谁会冒险猜测这些鸟曾经存在过呢？切勿从以上描述推断，这些翅膀结构的渐进，说明了鸟类获得完美飞翔能力的自然步骤——它们可能都是由废用而造成的退化。然而，至少可以表明，有多种可能的过渡方式存在。

我现在要举两三个关于同种个体发生习性分歧和习性改变的例子。当两种情况中的任一种发生时，对自然选择而言，通过修改动物的结构，使动物适应改变了的习性，或专门适应于若干习性中的一种，并非难事。但是，很难说通常是习性先改变然后结构再改变，还是结构先稍微改变才导致习性改变。两者很可能经常是几乎同时的。

我们有时看到，某物种中一些个体的习性迥异于同种其

他个体和同属其他物种的习性。根据我的理论，我们可以推想，这样的个体可能会兴起而成为新物种。它们不仅具有反常的习性，在结构上也与应有模式轻微不同或显著不同。这种情况在自然界确实存在。关于“适应”的例子，还能举出比啄木鸟攀登树木并在树皮裂缝里觅食虫类更惊人的吗？然而在北美洲有些啄木鸟主要吃果实；还有的生有长翅，在飞行中捕捉昆虫。拉普拉塔平原上不长树，却有一种啄木鸟在羽色、叫声和飞行姿态上与普通啄木鸟很相像，但从来不爬树！

如果一个人认为，所有生物被创造出来的时候就和我们今天看到的样子一样，那么当他碰到习性与结构不相符的动物时，肯定会感到惊讶。鸭子和鹅的蹼足是为游泳而生的，这再明白不过了吧？但山地雁虽然生有蹼足，却极少或从不靠近水。军舰鸟四趾也生有蹼，但除奥杜邦外，没有人见过军舰鸟飞落在海面上。另一方面，䴙䴘和白骨顶都是著名的水鸟，但仅在趾的边缘生有膜。涉禽类生有长趾显然是为了在沼泽和浮水植物上行走，水鸡和陆秧鸡都属于这一类：但水鸡几乎和白骨顶一样都是水生；陆秧鸡则几乎和鹌鹑一样都是陆生。这种习性改变但结构并没有发生相应改变的例子还能举出很多。

## 极其完美的复杂器官

眼睛的精巧无与伦比，它能根据距离远近调节焦距，接纳或强或弱的光，校正球面像差和色像差。我坦率地承认：设想眼睛这样的器官能够通过自然选择形成简直荒谬绝伦。但是，理智告诉我：如果眼睛确实能发生轻微变异，且这种变异能够遗传，如果在生存条件改变的情况下，眼睛的变异或修改对动物有利，那么认为自然选择能够造就完美而复杂的眼睛也就不是难题了。

要考察任何物种的器官走向完美的级进序列，本应只观察它们的直系祖先，但这几乎是不可能的。每次我们都被迫去观察同类群的物种，即源自同一原始祖先型的旁系后代，以便判断哪些级进是可能的；并试图寻找从传衍早期阶段遗传下来的未改变或改变不大的器官。在现生脊椎动物中，我们只找到很少量眼睛结构的“级进序列”，在化石种中寻找，也同样一无所获。

在关节动物[①]中，从仅被色素包裹而没有其他视觉机制的视神经开始，我们能构建一个序列；从这个低级阶段开始，大量结构级进分歧为两条主要的路线，直到达到相当程度的完善。例如，在现生甲壳纲动物中，眼睛的结构级进非常多样化。既然已灭绝动物的数量远远大

① 原文为Articulata，居维叶的动物分类的一纲，包括环节动物（Annelida）和节肢动物（Arthropoda），现已不采用。

于现生动物的数量，我认为使我们相信，“仅覆有色素的简单视神经装置，加上透明膜，被自然选择加工成了关节动物大纲中所有成员都具有的完善的‘光学设备’”，并无多大困难。

认可这一点的人，如果在看完本书之后发现，大量本来无法解释的事实却能用代传理论来解释，那么，他应该毫不犹豫地更上一层楼，承认即便是像鹰眼那样完善的结构，也可以通过自然选择形成。虽然在这个例子中，他并不知道任何一个过渡层级，但理智应该能征服他的想象。

如果能证实有一种复杂的器官，不可能由无数连续的微小修改而形成，那么我的学说就会彻底失败。但是，我未曾发现一个这样的例子。无疑，对于很多器官，我们并不知道它们的过渡层级，尤其是在观察非常孤立的物种时。根据我的理论，这些物种周边已经发生了大量的灭绝。一个大纲的所有成员普遍具有的器官，肯定形成于极其久远的年代，从那以后，为该纲的所有成员所具有。为了发现这种器官早期所经历的过渡层级，我们必须去观察那些早已灭绝的古老祖先型。

我们在断言一个器官不可能经由某种过渡层级而形成的时候，必须非常谨慎。在低等动物中，有很多同一器官同时执行完全不同的功能的例子。蜻蜓幼虫和泥鳅的消化道兼具呼吸、消化和排泄的功能。水螅能把身体内外翻转，然后用外表面消化、用胃呼吸。在这些例子中，对于兼具两项功能的部位或器官，自然选择可能很容易使它们专具某一项功能，如果能以此赢得优势的话，就能通过难以察觉的步骤完全改变其性质。在同一个体身上，有时两个不同的器官同时执行同一项功能。比如，有的鱼用鳃呼吸溶解在水中的空气，同时用鳔呼吸自由

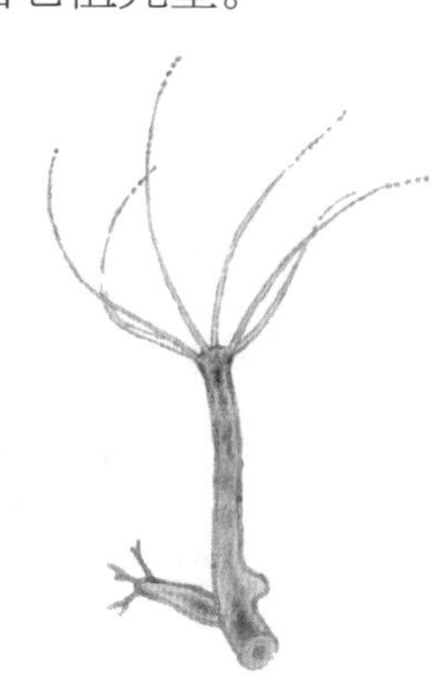

水螅

刺胞动物门水螅纲水螅属。体小，肉眼可见，呈管状。一端着生，但基底能在附着物上滑走，也可用翻跟头的方式行动。另一端有口，周围生4~25条小触手。通常营出芽繁殖

的空气。鳔被布满血管的隔膜分开，用一个鳔管供应空气。在这些例子中，两个器官中的一个或许很容易被修改和优化，以便独自承担所有工作，在修改过程中另一个器官只起辅助作用。此后，另一个器官可能会被修改以充当某种完全不同的用途，或者彻底被废弃。

鳔是个很好的例子，它清楚地表明了一项非常重要的事实：一个原本起漂浮作用的器官可以转变成具有完全不同用途（呼吸）的器官。在某些鱼类中，鳔还可以起到辅助听觉器官的作用。所有生理学家都承认，鱼的鳔和高等脊椎动物的肺在位置和结构上同源，或者说“理念上相似”。因此，在我看来，相信自然选择能把鳔改造成肺并非难事。

我的确不怀疑，所有具有真肺的脊椎动物都是从生有漂浮器（即鳔）的古老原型一代代传衍下来的。在高等脊椎动物中，鳃已经完全消失了，唯在胚胎中，颈两旁的裂隙和弯成环状的动脉仍然标志着它们曾经的位置。但是可以想象，目前已经完全消失的鳃，或许会逐渐被自然选择用作不同的用途——正如某些博物学家所认为的那样，环节动物的鳃和背鳞与昆虫的翅膀和鞘翅同源。有可能在很古时候用于呼吸的器官实际上已经转变成了飞翔器官！

鳐

软骨鱼纲鳐目。身体扁平，呈圆形、斜方形或菱形。口腹位，牙铺石状排列。有些种类在胸鳍和头侧之间或在尾侧有一对圆形或长形发电器。生活在海底，食贝类、小鱼，小虾等

另一个非同一般的困难是鱼的发电器官，很难想象这类奇异的器官是通过什么步骤产生的。但是，欧文等人曾提出，发电器官的内部结构与普通肌肉非常相似。最近有人发现，鳐的一个器官与发电装置很相似，但并不放电。在主张任何过渡形态都不可能存在之前，我们必须承认自己很无知。

发电器官还带来了更难解释的困难。因为具有发电器官的只有十来种鱼，其中有几种鱼的类缘关系非常远。一般来说，当同一器官出现在同纲几个成员身上，特别是各成员生活习性大不相同的时候，我们会将相同器官的存在归因于从共祖的遗传，将这种器官在某些成员身上的缺失归因于废用或自然选择。但是，如果发电器官的确遗传自某一个远祖，那么能发电的鱼彼此之间应该具有特别的关系。地质学发现也不能证明“从前大部分鱼类都有发电器官，而绝大多数发生修改的后裔则丢掉了这种器官”。另一个类似的难题是，属于不同科和目的几种昆虫都具有发光器官。还能举出其他一些例子。在有花植物中，红门兰属和马利筋属之间的关系几乎是最远的，但这两个属的植物都有同样神奇的构造——大量花粉粒结在顶端具有黏液腺的柄上。以上所有例子都表明：两种亲缘关系很远的物种似乎具有相同的异常器官。从这些例子中应该注意到：虽然器官的大致模样和功能是一样的，但我们总能找到它们之间的本质区别。我倾向于认为，就像有时候两个人会各自独立地做出同样的发明一样，为每种生物的利益而工作的自然选择，有时也会利用类似的变异优势，以近乎相同的方式修改两种生物！它们在构造上的共同之处，多不能归因于遗传自同一个祖先。

虽然在很多情况下，要推测器官经过哪些过渡形态才达到目前的状态是极其困难的，但是，鉴于现生的已知形态比已灭绝的未知形态数量少得多，我倒是很惊讶，为什么举不出几个找不到过渡层级的器官。博物学史上有一句老格言——“自然界不产生飞跃”正印证了这一点，几乎所有经验丰富的博物学家在他们的著作中都有所提及。米尔恩·爱德华兹说得好：自然侈于多样，却吝于创造。根据创造论很难解释，被独立创造以适应它在自然界的“本位”的各个部位和器官为什么无一例外被级进的步骤联系起来，为什么自然界不从一种结构飞跃到另一种结构？而根据自然选择理论，我们就能清楚地得到解释：原因是自然选择只能利用连续的微小变异发挥作用，其前进的步伐很小、很慢。

## 看上去无关紧要的器官

因为自然选择通过保存结构上的有利变异、消除结构上的不利变异起作用，所以一些非重要部位的起源，有时会让我感到很难解释——它们的重要性看上去不足以使连续变异的个体被保存下来。我有时候感到，这个问题对我的挑战，不亚于像眼睛那样复杂和完善的器官所带来的困难。

在评判某个生物的整体结构方面，我们实在太无知，无法说出某种微小的修改将来是否重要。例如，长颈鹿的尾巴看上去像一个人为安上去的蝇拍，乍一看很难相信，长颈鹿的尾巴为了适应驱蝇这点儿小事，会通过连续的微小修改，逐渐适应目前的用途。但是，即使在这个例子中，我们也要三思而后言！因为我们知道，在南美洲，牛和其他动物的分布和生存，绝对取决于它们抵抗昆虫袭击的能力；只有能通过任何手段保卫自己，驱走这些小敌人的个体，才能分布到新的草场，从而获得巨大的优势。虽然大型四足动物不至于被蝇虫杀死，但它们会不断地被骚扰，因而体力下降，更容易罹患疾病，遇到荒年难以觅到足够的食物，或逃脱天敌的捕食。

另一方面，我们有时候把本来无足轻重的性状看得很重要，它们由非常次要的原因引起，和自然选择无关。我们应当记住：气候、食物等对生物体的直接影响可能很小；性状重现是由于返祖律；而相关生长律对于结构的改变有非常重要的影响；最后，性选择经常极大地改变有意识动物的外部性状，以赋予雄性战胜其他雄性或吸引雌性的优势。此外，由上述或其他未知原因而导致的结构改变，可能起初并不能给该物种带来优势，但在后来被生活在新生存条件下和获得新习性的后代所利用。

让我们举几个例子来说明上面所说的问题。如果只存在绿色的啄木鸟（其实还有黑色的和杂色的啄木鸟），我们会认为绿色是一种完善的适应，让这种往来于树木之间的鸟能够躲避天敌，所以绿色是一种重要的性状，有可能是通过自然选择获得的。其实，也可以认为这颜色是出于某种完全不同的原因——也许源于性选择。秃鹫头部不生毛，通常被认为是为取食腐败食物而产生的直接适应，但也有可能源自腐败物质对它的直接作用。当然，我们在建立因果联系的时候必须非常谨慎，因为我们看到，吃干净食物的雄火鸡头上也不生毛。哺乳类幼兽头骨上的缝被认为是帮助分娩的完善适应。无疑，这种结构有

秃鹫

鸟纲鹰科大型猛禽，也称“坐山雕”。体长1.2米，体羽主要为黑褐色，头被绒羽，颈后有部分裸秃，故名。以尸体和小动物为食

助于分娩，甚至对于分娩来说是不可缺少的。然而，雏鸟和爬行动物幼体的头骨上也有一道缝，却与有助于分娩无关——它们仅需破壳即可出生。我们可以推断，这种结构是从“生长律”中产生的，却被高等动物利用，成为分娩时的优势。

对于不重要的轻微变异，我们完全不知道原因是什么，在思考不同产地家养动物品种之间的差异（尤其是在考虑那些很少进行人工选择的较不开化地区的品种）时，我们会立刻意识到自己的无知。细心的观察家相信，潮湿气候影响毛发的生长，而毛发和角是相关的。优秀的观察家还指出，牛对蝇虫袭扰的易感程度与体色有关，也与食某些植物中毒的倾向有关；于是颜色就成为自然选择的作用对象。然而，我们实在太无知，无法推测有关变异的几个已知原则或未知原则的相对重要性。我在这里提及只是为了表明，如果我们连经过正常传代的家养品种的性状差异都搞不清楚，又何必对找不到物种间产生微小相似差异的明确原因过于自责呢？我可以引述人种间特征显著的差异来说明这一点；我想补充的是，某种方式的性选择似乎可以解释这些差异的起源。

某些博物学家反对结构的每个细节之所以产生都是为了其所有者的利益这种功利主义的观点，而认为有很多结构之所以被制造出来，仅仅是为了给人带来视觉上的美感，或者为了多样化。如果这种说法符合事实，将对我的学说产生致命的影响。我完全承认，许多结构对于所有者来说并无直接用途。非生物环境对生物结构也许有微弱的作用；而相关生长律无疑发挥了最重要的作用，在一个部位发生有用的修改，往往会使其他部位出现没有直接用途的多样性变化；从前曾经有用的性状，虽然目前已无直接的用途，但仍有可能通过“返祖律”重现。然而，最重要的考虑恐怕是：所有生物机体的主要部分都是遗传得来的，所以，虽然每种生物与自身在自然界中的位置无疑是适合的，但现在有许多构造与物种的生活习性并没有直接的联系。比如，我们很难相信山地雁或军舰鸟的蹼足对这两种鸟有什么特别的用途；也不能想象同时存在于猴子前肢、马前腿、蝙蝠翼、海豹鳍肢里面的骨头对这些动物有什么特殊的用途。也许我们可以稳妥地把这些结构归因于遗传。但是，蹼足对于山地雁和军舰鸟的祖先来说无疑是有用的，就像蹼足对于现生水生鸟的作用一样。我们可以设想，海豹的祖先没有鳍肢，只有生有五趾、适用于行走或抓握的脚；我们进一步设想，猴子前肢、马前腿、蝙蝠翼中的几块骨头，都继承自同一个共祖，它们对共祖或共祖的祖先的特殊用途，要胜于对目前这些习性多样化的动物。于是，我们可以推断，这几块骨头可能是通过自然选择获得的，从古至今一直受制于遗传律、返祖律、相关生长律等规律的作用。于是，生物结构的每个细节（扣除由非生物环境直接造成的微小影响）都可以被看作是: 或者对某个祖先类型有特殊的用途，或者对其后裔有特殊的用途; 或者直接发生，或者通过复杂的生长律间接发生。

自然选择不可能使某物种产生只对其他物种有利的修改。不过，自然界中的某一物种会不断地利用另一物种的结构谋得利益。当然，自然选择能产生，并且经常产生，专门伤害其他物种的结构。比如蝰蛇的毒牙和姬蜂用于在其他昆虫身上产卵的产卵器。如果可以表明，一个物种的某个结构是专门为了嘉惠另一个物种而形成的，那么我的理论就会被推翻——因为这种情况是不可能通过自然选择产生的。

自然选择只以对生物有利的方式运作，没有任何一种器官的形成是为了给它的所有者造成痛苦或损害。如果公平地衡量每个部位带来的利与弊，就会发现，从总体上来说，每个部位都是有利的。随着时间的流逝，生存条件发生改变，如果某个部位变得有害，就会被修改。如果不是这样，这种生物就会灭绝。

自然选择只能倾向于使每种生物和同一片地区与之竞争的其他生物相比同样完善，或者稍稍胜出。这就是自然状态下所能达到的完善程度。例如，新西兰的本土物种在相互竞争中都达到了完善的状态，但是却在从欧洲引进的动植物大军的进攻面前迅速败退！自然选择非但不能产生绝对的完善，连高度的完善也不常见到。眼睛是最完善的器官，但眼睛对像差的矫正并不完美。如果理性使我们热情地称赞自然界中无数不可模仿的构造，同样的理性也告诉我们，其他一些构造还不够完善：黄蜂或蜜蜂能用刺攻击来犯的动物，但是刺上有倒生的锯齿，被抽出来的时候会拖出内脏从而导致黄蜂或蜜蜂死亡。

如果我们称赞许多昆虫中的雄虫具有凭借嗅觉觅得雌虫的神奇能力，那么也会赞叹蜂群仅为了这一目的而产生数以千计的雄蜂，这些雄蜂除了交配之外别无其他用处，最终都会被勤劳的不育雌蜂（工蜂）杀死吗？恐怕很难做到吧。然而，我们应该赞叹蜂王的野蛮本性使它在女儿们刚一出生就置它们于死地，或者自己在这场战斗中死亡，因为毫无疑问，这样做对蜂群有利。无情的自然选择对于母爱或母恨（幸而后一种情况非常稀少）是一视同仁的。如果我们赞叹红门兰属和许多其他植物的花所具有的几种便于昆虫授粉的精巧构造，那么我们会认为冷杉为了少数几粒花粉能被偶然吹到胚珠上而释放浓密的花粉雾也同样完美吗？

人们普遍认为，所有生物都是依照两大定律形成的——模式一致律和生存条件律。模式一致律是指，同纲生物，不管生活习性如何，在结构上都基本一致。根据我的学说，模式一致律可以由系出同源来解释。而自然选择原理完全可以囊括生存条件律，因为自然选择的作用体现在，使每种生物的变异部位适应于它的有机和无机环境，或者已在遥远的过去达成了这种适应。事实上，生存条件律是更高的法则，因为它通过继承先前所产生的适应而涵盖了模式一致律。

# 第七章

# 本能

动物的本能是一种先天性的能力，且这种能力是遗传的。因为本能不总是绝对完善，而是易犯错误，所以本能与身体结构一样，受到自然选择（达尔文认为有时习性和废用也有作用）的影响——自然选择通过保存和不断积累本能发生的变异而臻至有利可图的程度。但自然选择发挥作用的前提是，在自然状态下，本能必须有某种程度的变化，并且能够遗传。如果本能的微小变化对物种有利，就会被自然选择保存下来。于是达尔文把本能问题纳入了他的自然选择原理，结果这些千奇百怪的本能非但没有摧毁达尔文的学说，反而为自然选择原理增添了新的证据。

在本章中，达尔文首先分析了家养动物本能形成的原因，然后详细描述了自然状态下的四种本能——杜鹃在别种鸟的窝里产卵的本能、某些蚂蚁蓄养奴隶的本能、蜜蜂筑巢的本能和蚂蚁产生不育雌蚁（工蚁）的本能。达尔文搜集了许多人的观察结果，并对这些奇特本能的成因进行了透彻的分析。他指出，与身体结构一样，这些本能不是特别创造的，而是自然选择的结果。

## 本能的形成与丧失

居维叶（1769—1832）
法国博物学家、动物学家、比较解剖学和古生物学的奠基人，主要著作有《地球表面的生物进化》《比较解剖学教程》等

一种我们需要经验才能完成的行为，当被一种没有任何经验的动物表现出来时，就被认为是本能性的。居维叶等学者曾把本能和习惯加以比较。我认为，这种对比为我们思考本能行为是怎样执行的提供了精准的思维框架。本能就像我们在重复一支熟知的歌曲，按照某个节奏，一个动作接着一个动作发生。如果一个人在唱歌时（或在机械重复某件事时）被打断了，他通常要被迫重新开始，以恢复习惯性的思路。有一种毛虫也是这样，这种毛虫织造极复杂的茧。如果把一只已经完成了第六阶段工程的毛虫取出来，放到一个只进行到第三阶段工程的茧中，毛虫会自然地重复第四、第五、第六阶段的施工。但是，如果将一只毛虫从进行到第三阶段的茧中取出来，放到已完成第六阶段工程的茧中，毛虫却感觉不到占了便宜，反而相当窘迫！为了完成造茧工程，它似乎被强迫着从自己放下的第三阶段开始，试图完成那些早已由其他毛虫完成的工作。

人们终将承认：就每个物种目前生存条件下的福祉来说，本能和身体结构同等重要。在生存环境变化的情况下，本能发生微小修改或许对一个物种有利，这起码是有可能的。如果可以表明本能确实发生了这么微小的变化，那么，自然选择通过保存和不断积累本能发生的变异而臻至有利可图的程度，将不是一件难事。我认为，最复杂和最奇妙的本能就是这样起源的。身体结构的修改起源于“使用”或“习惯”，并且被“使用”和“习惯”所增大，因“废用”而减小或消失；我相信本能的修改也是如此。但是我认为，与自然选择作用于“本能的偶然变异”的效果相比较，“习惯”的效果只占相当次要的地位。本能偶然变异的原因，同导致身体结构变异的未知原因是一样的。

如果生物体不曾逐渐积累无数微小但有利的变异，自然选择就不可能产生复杂的本能。因此，和身体结构的情况一样。我们不应在自然界中寻找桥接每种复杂本能的实际过渡阶段，这些阶段只见于每个物种的直系祖先；我们应该从旁系后代中寻找能证明这些阶段存在的证据。鉴于欧洲和北美以外的人士很少观察动物的本能，而已灭绝物种的本能我们又无从知道，我非常惊讶地发现，我们能够很普遍地看到，本能是如何级级而进直到最复杂的本能！格言“自然界不产生飞跃”对于本能的适用程度和对于身体器官的适用程度是基本相当的。同一物种在不同生活阶段或季节具有不同的本能，在不同环境中本能也不一样等，这些情况往往会促成本能的变化。不是这种本能，便是那种本能，会被自然选择保存下来。可以表明，同一物种中本能多样化的例子在自然界中是存在的。

自然选择发挥作用的前提是：在自然状态下，本能必须有某种程度的变化，并且能够遗传。由于篇幅有限，这里不能一一列举尽可能多的实例，我只能力陈，本能当然是有变化的。例如：迁徙本能在距离和方向上都可能发生变化，甚至完全消失。鸟类筑巢的本能也是如此，部分原因来自所选择的环境以及栖息地的性质、气候等，但也经常由

羽冠乌鸦

于我们完全不知道的原因而发生变化。奥杜邦举出几个例子证明，在美国南部和北部，同一物种筑的巢显著不同。对特定天敌的恐惧肯定是一种本能，从雏鸟身上就能看出来，当然，这种本能被经验所强化，也被目睹其他动物恐惧遭遇这种天敌而强化。我在别处曾提到，无人岛上的各种动物对人的恐惧是缓慢获得的，我们可以举一个近在身边的实例来说明这一点：在英格兰，大型鸟类要比小型鸟类更桀骜不驯，因为大型鸟类更频繁地遭到人类的捕杀。而在无人岛上，大型鸟类并不比小型鸟类更怕人；喜鹊在英格兰很机警，在挪威却和埃及的羽冠乌鸦一样驯良。

大量事实表明，生于自然状态下的同一物种的诸个体，总体资质非常多样化。还可以举几个例子来说明，如果偶然的和奇怪的习性对某个物种有利，就可能通过自然选择衍生出全新的本能。家养动物的几个例子可以使我们更好地理解这一点。以几种熟知的狗为例：无疑，幼指示犬第一次被带去打猎的时候，有时会进行指向，甚至会帮助其他狗；从某种程度上说，寻回犬能衔回物品的本领是遗传的；牧羊犬倾向于绕着羊群跑，而不会冲入羊群，也是遗传的。这些举动由没有经验的幼犬表现出来，每个个体表现的方式又基本一样，而且都乐于这样做却不知道目的何在——幼指示犬不知道自己的指示是在帮助主人，正像白蝴蝶不知道自己为什么要在白菜叶上产卵一样。我看不出这些举动和真正的本能有什么本质上的不同。如果我们看到，有一种狼在幼年未经训练的情况下，一旦嗅到猎物便矗立如雕像，然后以特殊的步态慢慢屈身向前；另一种狼绕着鹿群跑，而不是径直冲向鹿群，以便把鹿群驱向远方。我们肯定会把这些举动归为本能。家养本能远远不如自然本能稳定，前者是由强度很弱的选择形成，只传承了相对短的一段时间，生存的环境也较不固定。

有人认为，家养本能只是通过长期持续的强制性习惯而遗传下来的行为，但我认为这种说法是错误的。没人会想到要训练一只翻飞鸽进行翻飞，也没人真正训练过，而这种翻飞动作在幼鸽还没见过别的鸽子翻飞的情况下，就能做出来。我们可以认为，一只鸽子曾轻微地表现出这种奇怪的习惯，而后人类在连续的世代里，对最佳个体进行长期不断的选择，最终造就了今日的翻飞鸽。如果狗没有自然表露出指示方向的倾向，我很怀疑有人会想到训练狗进行指向。我们都知道，自然指示方向的倾向在狗中偶尔会出现，我看到一只纯种㹴就是这样。一旦表现出这种倾向，系统性选择及强制训练的遗传作用，将在接下来的世代克尽全功。人们虽无改良品种的故意，但都想持久地得到最善狩猎的狗，于是就会无意识地进行选择。另一方面，在某些情况下，习惯本身就已足够。野兔幼崽最难驯化，而驯兔幼崽却无比恭顺驯良，但我不认为人们曾对家兔的驯良性进行过选择。我认为，我们必须把从极野性到极驯良的一串变化，完全归因于习惯和长久持续的封闭圈养。

自然的本能在家养状态下会丧失。显著的例子是，很多种家禽极少孵蛋，甚至从不孵蛋。家养动物在驯养下已经改变了很多，心智发生了彻底改变，只是因为习以为常，我们才会对这些事实熟视无睹。毋庸置疑，狗对人类的热爱已经成为一种本能——所有狼、狐狸、豺和猫属物种，在被驯养之后，仍会经常攻击家禽、绵羊和猪，而我们已驯化的狗，甚至在很幼小的时候，也极少需要被教养不能攻击家禽、绵羊和猪！无疑，家养狗偶尔还是会有攻击行为，然后就被打了；如果屡教不改，就会被杀掉。所以，这种在某种程度选择下形成的习惯，大概是与通过遗传而驯化狗的过程同时发生的。另一方面，鸡雏通过习惯已经完全丧失了对猫、狗的恐惧，这本是它们应该从祖先那里继承的本能，不过，被家鸡养大的野鸡幼雏仍然对猫、狗保持恐惧。家养鸡雏并未丧失对所有动物的恐惧，只是丧失了对猫、狗的恐惧。因为如果母鸡发出报警信号，鸡雏仍然会从母鸡身下跑开，藏身于附近的草丛或灌木丛，这一点火鸡幼雏表现得尤其明显。鸡雏之所以这么做，显然是为了让它们的妈妈飞走，这种本能在栖息于地面的野生鸟类中很常见。但在家养状态下，鸡雏保持这种本能已经变得毫无用武之地了，因为鸡妈妈由于“废用”几乎丧失了飞翔能力。于是我们得出结论，家养本能之所以获得、自然本能之所以丧失，部分是由于习惯，部分是由于人类在持续世代的选择积累了特定的心智习惯和行为。

考虑如下几个例子，或许有助于我们最好地理解，自然状态下的本能是如何在选择作用下发生修改的。在即将完成的著作中我会讨论很多例子，在此只选三个，即杜鹃在别种鸟的窝里产卵的本能、某些蚂蚁蓄养奴隶的本能以及蜜蜂筑巢的本能。博物学家们普遍认为，后两种本能是所有已知本能中最奇妙的本能，这种评价是恰如其分的。

## 杜鹃的本能

现在，人们已经达成共识，导致杜鹃形成这种本能的直接原因和终极原因乃是：它并不是每天产卵，而是间隔两三天才再次产卵。如果杜鹃自己做窝、孵卵的话，那么，要么先产下来的卵不能马上得到孵化，要么在同一个鸟窝中出现不同龄期的卵和雏鸟。这两种情况都会令产卵和孵化过程变长从而引起不便，因为雌鸟很早便要迁徙，而最早孵出的幼鸟恐怕就得由雄鸟单独抚养了。美洲杜鹃正是处于这种困境中！它得自己做窝，还得产卵并照顾相继孵出的幼鸟。我还知道另外几种鸟偶尔也会把卵产在别种鸟的窝里。让我们假设，欧洲杜鹃的祖先也具有美洲杜鹃的习性，也偶尔把卵产在别种鸟的窝里。如果杜鹃的祖先通过这种偶然的习性获益，或者它的幼雏利用别种鸟误施的母爱本能而得到比亲鸟喂养更强壮的体能，这样老鸟或被代养的幼鸟就会获得一种优势。依此类推，我相信，这样培养出来的幼鸟将易于通过遗传而继承亲鸟的这种偶然出现的奇怪习性，也倾向于把自己的卵产在别种鸟的窝里，从而使幼雏得到更好的生活环境。我认为，上述过程持续进行，使杜鹃有可能并且的确产生了这种奇怪的本能。

杜鹃

鹃形目杜鹃科鸟类的统称，有时专指杜鹃属，又称布谷或子规。部分种类不自营巢，产卵于别种鸟巢中，由巢主孵卵育雏。雏出壳后，推出巢主雏鸟而独受哺育

## 蓄奴蚁的本能

观察家皮埃尔·于贝首先在红褐蚁（*Formica [Polyerges] rufescens*）中发现了惊人的“蓄奴”本能。红褐蚁完全依靠奴隶，没有奴隶的帮助，这个物种在一年之内肯定会灭绝。雄蚁和可育雌蚁都不干活；工蚁虽然在捕获奴隶的时候非常勇猛，但是不干其他工作。它们不会自己做窝，也不会养育自己的幼虫。当旧蚁巢不再宜居而必须搬迁时，决定权在于奴蚁，事实上是奴蚁用自己的口器将主人带走的。于贝把 30 只红褐蚁关在一起，在周围没有奴蚁的情况下，尽管好吃的食物应有尽有，并且蛹和幼虫就在身边，足以刺激红褐蚁工作，但是它们却什么都不干，甚至不能自己进食，很多红褐蚁就这样饿死了。随后于贝引入了一只奴蚁——黑蚁（*Formica fusca*）。奴蚁立即开始工作，喂食幸存者、营造巢室并照看幼虫，把一切打理得井然有序。还有什么比这些确凿无疑的事实更非比寻常呢？如果我们不了解除红褐蚁以外的其他蓄奴蚁，将无从猜测这种奇妙的本能何以达到如此完善的地步。

红褐蚁

于贝还发现，凹唇蚁（*Formica sanguinea*）也是一种蓄奴的蚂蚁，见于英格兰南部的某些地区。为了证实这一点，我曾挖开14个蚁巢，每个蚁巢中都有少量奴蚁。奴蚁物种中的雄性和可育雌性只见于它们本身固有的群落，在凹唇蚁的蚁巢中从未被发现过。奴蚁是黑色的，身材尚不及它们红色主人的一半，两者在外形上反差很大。当蚁巢受到轻微扰动时，奴蚁偶尔会跑出来，像主人一样担忧蚁巢的安危。当蚁巢受到更大的扰动，以至于幼虫和蛹被暴露时，奴蚁便卖力地和主人一起干活，把幼虫和蛹转移到安全地带。显然，奴蚁把主人的家当成了自己的家。连续三年，我在六七月份对几个蚁巢进行了长时间的观察，从未发现任何一只奴蚁离开或者进入某个蚁巢。它们似乎是严格的住家奴隶。倒是能经常看到它们的主人不断地把营造蚁巢的原材料和各种食物运进去。

凹唇蚁

一天，我注意到有20只蓄奴蚁在同一地点游猎，显然不是在搜寻食物，它们在接近一个奴蚁物种（黑蚁）的群落，但遭到了顽强抵抗。蓄奴蚁无情地杀死了这些小个子抵抗者，把它们的尸首带回29码之外的蚁巢作为食物。但是，猎奴蚁没有得到任何蛹以供培养成奴隶。随后，我从另一个蚁巢掘出一小团黑蚁的蛹，放到战场附近的一块空地上。“暴徒们”急切地把蛹带走了，或许它们认为在最近的一次战斗中自己终于获胜了。

与此同时，我在同一地点摆放了另一个物种——黄蚁（*Formica flava*）的一小团蛹，蛹上还粘着几只攀在蚁巢碎片上的小黄蚂蚁。这个物种有时候会被掠为奴隶，但不常见。黄蚁个头虽小，却很勇敢，我曾见到它凶猛地攻击其他蚁类。现在，我想弄清楚凹唇蚁能否分辨黑蚁的蛹和小而勇猛的黄蚁的蛹。前者经常被凹唇蚁猎为奴隶，后者凹唇蚁极少捕猎。结果表明，凹唇蚁能迅速把两者区分开。我们看到，凹唇蚁会迫不及待地捉走黑蚁的蛹；而一旦遇到黄蚁的蛹，甚或来自黄蚁蚁巢的泥土，则唯恐避之不及。不过，大约一刻钟之后，所有小黄蚂蚁刚一爬走，它们便鼓足勇气，带走了黄蚁的蛹。

尽管都具有蓄奴本能，但凹唇蚁和红褐蚁表现为不同的习性：后者不自己筑巢，不决定自己迁徙与否，也不为自己或者幼蚁采集食物，甚至不能自己进食，完全依靠大群奴隶。反之，凹唇蚁拥有的奴隶数量则要少很多，并且由主人决定在何时、何地营造新蚁巢，当迁居时刻到来时，主人衔带奴隶一道搬家。

我不敢妄加推测凹唇蚁形成蓄奴本能究竟经历了哪些步骤，但据我所见，并不蓄奴的蚂蚁也会把散落在蚁巢附近的其他物种的蛹带回家。本来储存作食物的蛹有可能孵化出来，这样不经意间养活的蚂蚁可能会遵循原有的本能，尽其所能履行职责。如果它们的存在有益于捕捉它们的物种——猎来的工蚁比自己生育的工蚁更有用，则以搜集蚁蛹作食物为目的的习性就可能被自然选择强化，从而变成以捕捉奴隶为目的的永久本能。这种本能一旦获得，虽然其应用程度或许不如英国凹唇蚁，但我认为自然选择增进和修改这种本能是没有困难的，只要每一步修改都对这个物种有用，自然选择就会持续工作，直到形成一种像红褐蚁那样依赖奴隶过着卑鄙生活的蚂蚁。

## 蜜蜂筑巢的本能

数学家告诉我们：蜜蜂从实践上解决了一个深奥的数学问题，它们筑的巢室具有适宜的形状，能容纳尽可能多的蜂蜜，并且最节省建筑材料——珍贵的蜂蜡。据说，即便是一位熟练工，在拥有适当工具和量器的情况下，也很难用蜡造出这么完美的构造单元。如此完美的巢室竟是一群蜜蜂在黑暗的蜂箱中建成的，乍一看这简直无法想象。所需的角和面是如何造出来的？蜜蜂如何感知蜂巢造得好不好？不过，我认为，蜜蜂建筑工程的完美可以用几个非常简单的本能来解释。

蜂巢

让我们看一看级进的伟大原理，看一看大自然有没有向我们泄露它的工作方法。大黄蜂位于这个很短的级进序列的最低端，它们用自己的老茧来盛蜜，有时候在茧壳上添加几根蜡质短管，也能制造出呈不规整圆形的蜡质巢室。在级进序列的最高端，是蜜蜂的巢室，排列为双层。众所周知，每间巢室都是一个六棱柱，六个面底部的边斜交，形成由三个菱形构成的角锥体。这些菱形具有特定的角度，构成一间巢室的角锥体基座的三个菱形均参与对侧三间比邻巢室的基座构成。在蜜蜂极完美的巢室和大黄蜂极简陋的巢室之间，还有一个过渡——墨西哥蜂（*Melipona domestica*）的巢室。墨西哥蜂能造出形状几近规则的圆柱状蜡质巢室以供孵化幼虫，还会建一些较大的巢室以供储藏蜂蜜。后者几近球状，大小均一，聚集成不规则的一团。但是，需要注意的关键点是：这些巢室相互靠得很近，如果呈规整的球状，势必会穿入邻接的巢室。但这类情况从来不会发生。在有交切倾向的两个曲面之间，墨西哥蜂构造了一个蜡质的完美平面。于是，每间球状巢室上都会有两个、三个或更多较平的面，取决于和它邻接的巢室是两间、三间还是更多。当一间巢室和另外三间巢室相连的时候，因为大多数情况下三个球的大小差不多，所以相交处的三个平面构成了一个角锥体。这个角锥体与蜜蜂巢室基部的角锥体很相像——构成蜜蜂所筑巢室的角锥体基座的三个面也势必会参与三间比邻巢室的构成。很明显，墨西哥蜂利用这种建筑方法节省了蜂蜡，因为相邻巢室之间的平面隔墙没有被造成双层，而是和外部曲面部分厚度一样，所以每道单层隔墙被两间巢室共用。

这个例子使我联想到：如果墨西哥蜂在营造球状巢室时能保持间距一致并且做成同样大小，还能把巢室对称地排列成双层，那么，得到的结果大概会和蜜蜂的蜂巢一样完善。我用几何学论证了蜜蜂蜂巢的完美，并得到了几位几何学家的首肯，于是让我们放心地得出结论：这种本能并不奇妙，墨西哥蜂的本能如果略做修改，就能使它建造出和蜜蜂蜂巢一样完善的结构。

既然自然选择只有通过积累结构或本能的微小修改才能起作用，修改的每一步都对处在这种生活环境中的个体有利，那么有人一定会问：蜜蜂的筑巢本能经过漫长的演进过程才走向现在的完美，在这个过程中，蜜蜂的祖先得到了哪些益处呢？我认为这个问题不难解答。我们知道，采到足够的花蜜对蜜蜂来说是件苦差事。特盖特迈耶先生告诉我，蜜蜂每分泌 1 磅的蜂蜡需要消耗 12 ~ 15 磅干糖；为了分泌足以建造蜂巢的蜂蜡，一窝蜜蜂必须采集和消耗大量的液状花蜜。并且，在分泌蜡质的过程中，大量蜜蜂很多天不能工作。大群蜜蜂要越冬，就必须储存大量的蜂蜜，而要保证蜂巢的安全，就必须养活大量蜜蜂。所以，对任何蜜蜂家族来说，通过节约蜂蜡而减少采蜜的量就是走向成功的一个最为重要的因素。让我们假定在某个地域内能够生存的大黄蜂的数量取决于蜂蜜的量，然后进一步设想这个蜂群要过冬，就得储藏蜂蜜。在这种情况下，如果大黄蜂的本能发生了微小的修改，能够让它们的蜡质巢室靠得更紧，甚至发生某些小的交切，即使两间相邻巢室共用一面墙也会省下些许蜂蜡。这对我们设想的大黄蜂来说无疑是一种优势。如果它能使自己的巢室越来越规则，越来越靠近，聚集成一个有机整体，如同墨西哥蜂的巢室一样，那么这样不断改进下去，对大黄蜂就会越来越有利。基于同样的理由，如果墨西哥蜂能把巢室造得比目前的状态更靠近、更规则，也会更加有利。如果这样改进下去，巢室之间的曲面将完全消失而代之以平面，墨西哥蜂就能够筑成和蜜蜂的巢一样完美的蜂巢。

我相信，在已知的所有本能中，最完美的本能，即蜜蜂的本能，是能够通过自然选择不断撷取简单本能的无数微小、连续的修改而形成的。自然选择用细微的步伐，越来越完善地使蜜蜂在双层上造出彼此之间保持特定距离的、相等大小的球状空洞，并在两个交切面筑起和凿出蜡壁。当然，蜜蜂并不知道它们彼此间是按照特定的距离来制造球状空洞的，也不知道六棱柱与其基部菱形面的角度是多少。自然选择的驱动力，乃是要省蜡。在蜂蜡的分泌上，耗费蜂蜜最少的蜂群获得了最大的成功，并且通过遗传把新获得的节蜡本能传给下一代蜂群，从而使后者在生存斗争中获得最佳的成功机会。

## 中性昆虫

无疑，有很多难以解释的本能可用于反对自然选择学说。其中之一是，昆虫社会中的中性个体，或称不育的雌虫。这些中性个体的本能和结构通常既迥异于雄虫，又迥异于可育雌虫，而且，因为它们不育，所以不能产出与自己相同的后代。

我在这里仅举一例，即工蚁，或称不育的雌蚁。工蚁与它的父母差异很大，如胸部形状不同、无翅、有时无眼、具有不同的本能，并且工蚁完全不育，所以永远不能把历代获得的结构修改或本能修改传给后代。有人或许会问：如何解释才能把这个例子和自然选择理论调和起来呢？

首先，我们要记住，在家养动植物和自然状态动植物中会出现各种不同的结构，这些结构与特定的龄期和性别是对应的。有些结构差异不但只对应一方的性别，而且只对应于生殖系统活跃的那段短暂时期，比如许多鸟类的婚羽和雄性鲑鱼的钩状颚。与同品种的公牛相比，某些品种被阉割的公牛长出的角相对较长。我们发现，阉割后，公牛角的长度变化在不同品种之间略有差别。因此，昆虫社会中某些成员的任何性状变得与它们的不育状态相关联，我认为没有太大的困难，困难在于，理解结构上的相关修改是怎样被自然选择缓慢积累下来的。

这个困难看起来无法克服；但是，当我们想到选择不仅能作用于个体，而且能作用于家系，从而得到想要的结果，这个困难也就不复存在了。我们把令人赏心悦目的蔬菜扔下锅，被消灭的只是个体，农人种下这种蔬菜的种子，信心满满地期待得到几乎同样的变种。养牛人希望牛的瘦肉和肥肉实现良好搭配，这样的牛被屠宰了，但是养牛人自信，能培育出同一家系的牛。我对选择的力量如此有信心，以至于相信，通过仔细观察哪种公牛和哪种母牛交配能产下角最长的骟牛，慢慢会形成一种总是产下牛角特别长的骟牛的品种，尽管它们产下的牛通常会被阉割而无法传代。我认为社会昆虫的情况也是如此：如果与昆虫社群某些成员不育状态相关的结构或本能的微小修改有利于整个社群，这个社群的可育雌性和雄性就会大大兴旺，把它们生产“具有同样修改的不育成员”的倾向传给它们可育的后代。我相信这个过程一直在重复，直到同一物种的可育雌性和不育雌性产生巨大差别。我们在许多社会昆虫中看到的情况正是这样。

但是，我们还没有触及最难解释之处：事实上，这几种蚂蚁的中性成员不仅与可育雌性和雄性有差别，中性成员彼此之间也有差别，有时甚至出现令人难以置信的巨大差别，因此被分成两个甚至三个“阶级”。此外，这些“阶级”并不存在逐渐的过渡，而是界限分明，就像分别属于同一属中的两个种，甚或同一科中的两个属。例如，埃西顿蚁中有工蚁和兵蚁，两者的颚和本能大不相同。在隐角蚁中，只有一个“阶级”的工蚁，头上生有用途不明的奇异盾牌。墨西哥蜜蚁中，有一个“阶级”的工蚁从来不离开蚁巢，它们被另一个“阶级”的工蚁喂养，这种从不出门的蚂蚁腹部异常发达，可以分泌一种蜜以替代

隐角蚁

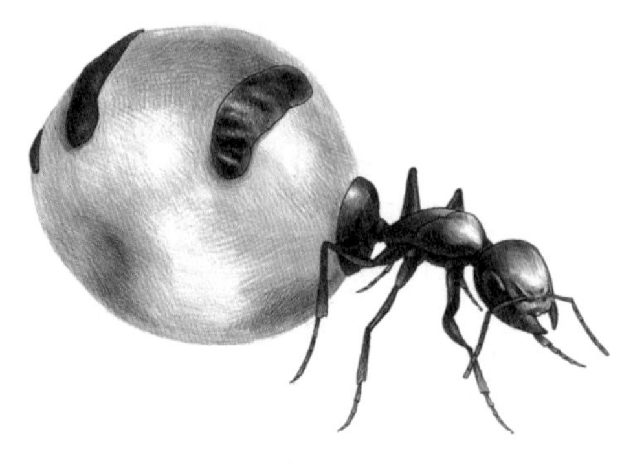

墨西哥蜜蚁

蚜虫的分泌物。蚜虫被称为“奶牛”，欧洲的蚂蚁通常会把它们看守和圈养起来。

假如我不承认这些确定无疑存在的奇怪例子能在顷刻间摧毁我的学说，别人一定会认为，我对自然选择原理的信心太过膨胀了。对于中性昆虫中比较简单的情况，即所有与可育雌性和雄性存在差别的中性昆虫都属于同一“阶级”或同一类型的情况，我认为自然选择的介入是完全可能的。从普通变异类推，我们可以稳妥地得出以下结论：每一种连续、微小的有利修改，大概并不是起初就发生在同一蚁巢的所有个体身上，而是仅出现在少数个体身上。而能够产生最多“携有利器”的中性昆虫的可育双亲，被长期持续的自然选择遴选出来，最终所有中性昆虫都具有了需要的特征。根据这种观点即可解释，为什么在同一蚁巢中，偶尔能发现同一物种的中性昆虫表现出结构的逐渐变化。我们也的确发现了这种现象。考虑到欧洲以外的中性昆虫很少被认真研究，这种现象简直够得上是屡见不鲜了。史密斯先生曾指出过一些惊人之处：几种英国蚂蚁的中性个体具有不同的身材，有时具有不同的颜色。这些极端形式有时能在取自同一蚁巢的个体身上完美地关联在一起。我也对比过这种完美渐变的情况。经常发生的情况是：要么较大或较小的工蚁数量最多，要么两者的数量都很多；而中间大小的工蚁数量总是很稀少。黄蚁有较大的工蚁和较小的工蚁，也有一些中间大小的工蚁。据史密斯先生观察，在这个物种中，较大的工蚁具有单眼，虽然小但是清晰可辨，而较小的工蚁单眼已经退化。通过仔细解剖几只这种小工蚁，我确信，较小工蚁的眼睛发育太不完善，不能仅用因为个头小所以眼睛成比例减少来解释。我认为，中间个头工蚁的单眼应该刚好处于中间状态。

这样，在同一蚁巢内，我们便有了两类不育的工蚁：不但个头不同，视觉器官也有差异，而且被几只处于中间状态的成员关联在一起。另外要说一下，如果小个子工蚁对社群最有用，那么可育的雌雄蚂蚁就会被不断地选择，于是生产出越来越多的小个子工蚁，直到所有工蚁都变成这种状态。这时，我们应该能得到一个中性个体基本处于同一状态的蚂蚁物种，就像褐蚁那样。褐蚁的工蚁连单眼的残迹都没有，可是该属的雌蚁和雄蚁却有发育良好的单眼。

我还可以再举一个例子。对于同一物种中不同“阶级”的中性个体，我非常自信地认为，能在它们的重要结构环节上找到渐变。我欣然地利用了史密斯先生的馈赠——从西非的一个驱逐蚁蚁巢中得到的大量标本。这些工蚁之间的差别，就好比我们看到一群建筑工人，有的身高 5 英尺 4 英寸，有的身高 16 英尺，并且高大工人的头是矮小工人的头的 4 倍大，而不是 3 倍大，但颚能放大 5 倍。不同个头的几种工蚁不仅具有形态各异的颚，在牙齿的形状和数目上也有所不同。而对我们来说重要之处在于：虽然按照个头可以将工蚁归为若干“阶级”，但各“阶级”之间存在细微的渐变，它们结构迥异的颚也是如此。

根据这些事实，我相信，自然选择通过对可育雌蚁和雄蚁进行作用，就能形成一个产生规则中性后代的物种。或者全是颚形态一致的大个子；或者全是颚形态各具特色的小个子；或者，正如我们碰到的最难解释的情况，一组工蚁具有这样的大小和结构，另一组工蚁又具有与前者不同的大小和结构——首先形成的是，一个逐渐衍变的系列，像驱逐蚁的情况那样，然后，因为极端类型对昆虫社群最有用，所以自然选择倾向于能产生极端类型的亲种，使它们的数量越来越多，直到不再产生中间结构的昆虫。因此，我认为，具有严格区别的两个“阶级”的不育工蚁共存于同一蚁巢中，且和生身父母差别很大，这种奇妙的事实就是这样起源的。

培育“工人”对昆虫社群的用处，就好比劳动分工对文明人的用处。因为蚂蚁凭借遗传的本能和遗传的工具或武器来工作，而不是凭借后天获得的知识和制作的工具来工作，所以只有让“工人”不育才能实现完美的分工——如果“工人”可育，它们便会发生杂交，其本能和结构便会发生混淆。我相信，大自然通过自然选择，在蚂蚁社群中实现了这种令人称赞的劳动分工。尽管我对自然选择原理深信不疑，但若没有中性昆虫的例子，我还真想象不到自然选择竟然有这么大的效力！

工蜂（不育的雌蜂）

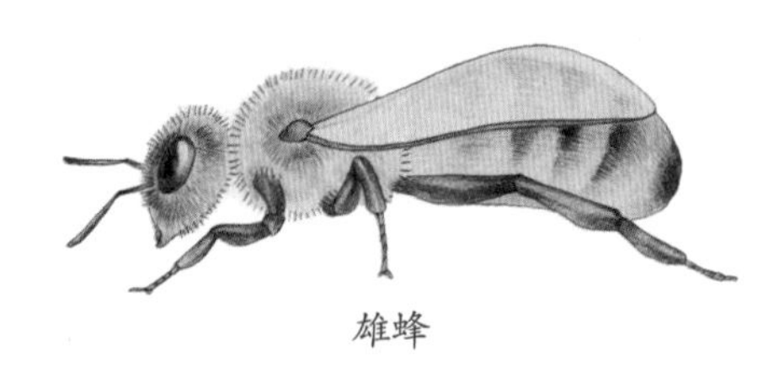

雄蜂

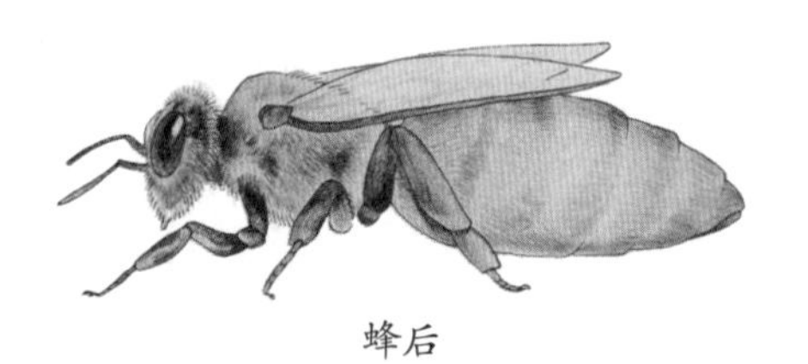

蜂后

另一个产生中性昆虫的家族

# 第八章

# 杂种的性质

达尔文用整整一章的篇幅专门讨论杂交和不育的问题，他想用大量实验事例来说明，种间杂交的结果是不可预测的。

当时人们普遍认为，不同的物种不能杂交，即使可以杂交，其后代也会不育,否则怎么保持物种的纯粹性呢？但达尔文指出，不同物种发生杂交的时候，难育性差别很大，有完全不育的，也有完全可育的，其原因不能简单地用系统类缘性来解释。可以举出很多反例：一方面近缘物种不能结合或很难结合，另一方面非常不同的物种之间却极易结合。正反交的许多例子也能说明这一点。正交和反交的亲本是同样的两个物种，只不过一个物种先用作父本，后用作母本，但正反交的难易程度经常差异极大。达尔文因此认为,种间杂交的难育性主要是由生殖系统的差异决定的，而不主要取决于系统类缘性。

达尔文指出，首次杂交和杂种普遍难育并不是一种特殊的禀赋，而是伴随着缓慢获得的修改而发生的。首次杂交的可育程度和杂种的可育程度有可能会实现从零可育性到完全可育性的逐渐变化。一旦变种后代完全可育，它就会成为一个新的物种，这暗示“物种原本是由变种衍变而来的”。

当时科学界大多认为物种是本质上永恒不变的存在体，但杂交生育的成功显然为认为物种可变的进化论提供了证据。

## 首次杂交的难育性和杂种后代的难育性存在例外情况

博物学家们普遍认为，物种之间杂交的时候，被特别地赋予了不育性，以阻止各种生物发生混淆。这个观点乍一看当然是有可能的，因为如果生活在同一区域的各物种能自由杂交的话，就很难保持彼此的区别了。处理这个问题时，有两类在很大程度上根本不同的事实总被混淆在一起，即：两个物种首次杂交时的难育性，和它们杂交所生的杂种的难育性。按照自然选择的理论，第二种情况特别重要，因为杂种的难育性不可能对它们本身有任何好处，因此就不可能通过不断积累、保存各种程度有利可图的难育性而取得这种难育性。我希望能够表明：难育性并不是特别取得或被赋予的属性，而是伴随其他各项差别而发生的。

纯种的生殖器官当然处于完好状态，但是种间杂交只能产生很少的后代、甚至不产生后代。在第一种情况下，构成胚胎的雌雄因素是完善的。在第二种情况下，雌雄因素或者完全没有发育，或者发育不良。在探讨造成这两种情况的共同原因时，上述区别很重要。不过，因为在两种情况下，不育都被看作是一种特别的禀赋，人类的理性难以企及，所以人们可能在很大程度上忽略了这种区别。

根据我的理论，变种（据知或据信从共祖传下来的各形态）杂交时的可育性及其杂种后代的可育性与物种杂交时的难育性同等重要。

因为这似乎在变种和物种之间划出了清晰的界限。

首先，关于物种杂交时的难育性及其杂种后代的难育性。一方面，不同物种之间发生杂交的时候，它们的难育性差别很大，并且逐渐地、不可察觉地变得可育了。另一方面，纯种的可育性非常容易受各种条件的影响，就实际操作而言，很难说完全的可育性在哪里终止、不育性在哪里开始。就某些争议形态应该被列为物种还是变种的问题，对比目前最优秀的植物学家提出的证据，不同杂交试验者得出的可育性证据，或同一作者在不同年份所做的实验，很有意义。由此可以表明，利用难育性和可育性都无法为区别物种和变种提供清晰的界限，从这一来源得来的证据逐渐被弱化，其可疑程度不亚于从其他体质或结构差异得来的证据。

关于杂种在连续世代中的难育性：虽然格特纳小心地保持它们不和纯种的亲本发生杂交，能培育到六代甚至七代，有一次甚至达到十代，但他断言，它们的可育性从来就没有增长，反而是大幅衰退的。我不怀疑通常情况就是如此，并且可育性经常在前几代里发生突然下降；不过，我认为，在所有这些试验中，可育性的下降均由一个独立的原因引起，即近亲繁殖。我收集的大量事实表明，近亲繁殖会降低可育性。而另一方面，偶然和一个不同的个体或变种杂交，则会增加可育性。杂种的“出身”本来就已经降低了可育性，我相信自花受精将进一步损害它们的可育性。在我看来，人工授精的杂种在连续世代里可育性增加的奇怪现象，是能够用避免了过于接近的近亲繁殖来解释的。

现在让我们来看一看杂交试验家赫伯特牧师得出的结果。赫伯特断定，“某些杂种是完全可育的——像纯种亲本一样可育”。他做出过许多重要陈述，我在这里只举一例。他说：“长叶文殊兰（*Crinum capense*）一个荚内的各胚珠被卷叶文殊兰（*Crinum revolutum*）受精后，产生了一个在自然受精情况下我从未见过的植株。”于是我们就有了两个不同物种产生的第一代杂种具有完全可育性，甚至超过通常的完全可育性的例子。

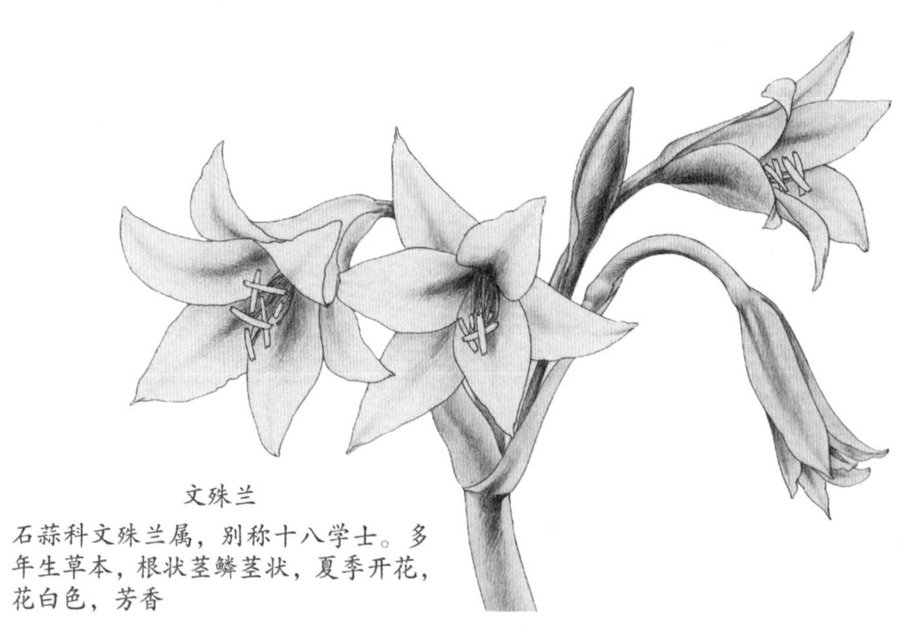

文殊兰

石蒜科文殊兰属，别称十八学士。多年生草本，根状茎鳞茎状，夏季开花，花白色，芳香

文殊兰属植物的例子启发我去调查另一项非常独特的事实，即有些物种的植株很容易被异种的花粉受精，比用它们自己的花粉受精还要容易——它们虽然对于自己的花粉不育，但却可以和其他物种的花粉产生种子，而它们自己的花粉也可以使其他物种受精，说明花粉本身完全正常。例如，朱顶红（*Hippeastrum aulicum*）的一个鳞茎开了四朵花，三朵被赫伯特授以它们自己的花粉，第四朵被授以从三个其他物种传衍下来的复合杂种的花粉。结果“前三朵花的子房很快就停止了生长，几天后完全枯萎，而被杂种花粉受精的荚果却生长得非常旺盛，很快达到成熟，结下了饱满并且能自由生长的种子”。1839 年，赫伯特写信告诉我，之前这个试验已经进行过五年，后来又持续了几年，得到的结果总是相同。而且，这个结果也被其他观察家用朱顶红属及其亚属和其他一些属（半边莲属、西番莲属、毛蕊花属）的情况证明。

虽然这些试验中的植株看上去完全健康，与别的物种相比，其胚珠和花粉也完全优良，但因为它们在彼此自交时功能不完善，所以我们必须推论，这些植物是处于不自然状态。无论如何，这些事实都表明：和同物种自花受精相比，导致物种杂交时可育性高或低的因素是多么细微且不可思议。

对动物进行仔细试验的例子远少于对植物，我怀疑是否曾有任何一例完全可育的杂种动物得到过确证。但请记住，动物在圈养状态下极少能自由繁殖，因此正规试验做得很少。欧洲普通鹅和中国鹅（*Anser cygnoides*）差别很大，一般被列入不同的属，但在英国，它们的杂种与任一纯粹亲种杂交，常常是可育的，还出现过一例杂种互相交配能育的情况——艾顿先生从由同一对亲本产下、但不同窝的两只杂种鹅培育出至少 8 只同属于一窝的杂种（当初两只纯种鹅的孙代）。而在印度，这些杂交鹅的可育性必定强很多。因为我从两位权威人士——布莱思先生和赫顿上尉那里得知，这类杂交鹅在印度各地被成群饲养。而在任何一方纯粹亲种已不存在的地方进行商业性饲养，则说明它们肯定是高度可育的。

最后，根据以上所有关于动植物杂交的确凿事实可以得出结论：首次杂交及其杂种具有某种程度的难育性是极其普遍的现象，但根据目前所知，不能认为这种现象绝无例外。

## 支配首次杂交难育性和杂种难育性的法则

现在让我们详细考虑一下支配首次杂交难育性和杂种难育性的各种条件和规律，主要目的是，看看这些规律是否表明“物种被特别地赋予了难育性，以阻止它们发生杂交和混合而产生的混乱”。

前面说过，首次杂交的可育程度和杂种的可育程度，呈现从零可育性到完全可育性的逐渐变化。令人称奇的是，竟存在很多奇妙的方式来表现这种级进！

如果把某科植物的花粉放到另一科植物的柱头上，其发挥的作用不会比一粒无机尘埃大。从这种可育性绝对为零开始，把同属不同物种的花粉施到某物种的柱头上，在产籽数量上会构成一个完美的级进序列，直到近乎完全可育，甚至彻底可育。此外，我们还看到一些反常的例子表现出超常的可育性，甚至超过该植物自身花粉的可育性。杂种也是如此，有些杂种从不产籽，很可能将来也不会产籽，即便用纯粹亲本任何一方的花粉也不会。但是，在某些情况下，我们可以探察到可育性的第一丝痕迹，即用纯粹亲种一方的花粉受精导致杂种的花提早凋谢，我们知道，花的提早凋谢是初期受精的征兆。从这种极度难育性开始，我们观察到自花受精的杂种产生出越来越多的种子，直到达到完全可育。

很难杂交和杂交后很少产下后代的两个物种，其偶尔产下的杂种通常绝对不育。“首次杂交困难”和“这样杂交产下的后代不育”这两类现象经常被混淆在一起，但两者的平行关系并不是很严格。我们从许多例子中看到，两个纯粹物种结合得异常顺利，并且能产下众多杂种后代，然而这些杂种后代显著不育；另一方面，也有物种很少发生杂交，或特别难发生杂交，不过一旦产下杂种后代，这些杂种后代却非常可育。甚至在同一属中也会出现上述两种截然相反的例子，比如石竹属。

石竹

石竹科石竹属多年生草本。茎直立，叶对生，线状披针形或条形。夏季开花，花顶生于枝端，单朵或数朵簇生，花色有纯白、淡紫、粉红等

物种间首次杂交的可育性及其所生杂种的可育性主要取决于系统类缘性。具体表现为：被分类学家列为不同科的物种，从来不能产生杂种，而近缘物种通常可以顺利结合。但系统类缘性和杂交难易程度之间并不严格对应，就这一点我们可以举出很多例子：一方面非常近缘的物种不能结合，或很难结合；另一方面，非常不同的物种之间却极易结合。在同一科中可能有一个属，如石竹属，其中很多物种都极容易进行杂交；而另一个属，比如麦瓶草属，即使尽了最坚持不懈的努力，仍然无法使其中最相近的物种产下杂种后代。即使在同属范围内，我们也碰到过这种差别，例如：烟草属的许多物种几乎比任何其他属都更容易发生大量杂交，但格特纳发现，有一种不算非常特殊的物种——智利尖叶烟草（*Nicotiana acuminata*）在和不下 8 个烟草属其他物种进行杂交的时候，既不会受精也不会使别的物种受精。还能举出许多类似的例子。

像公马先和母驴杂交，然后公驴和母马杂交这类情况，被称为两个物种正反交。正反交的难易程度经常差异很大，这些例子非常重要，因为它们证明，任何两个物种的杂交能力，经常完全独立于它们的系统类缘性，或者说，与它们整个身体的可见特征无关。另一方面，这些例子清楚地表明：杂交能力与我们察觉不到的体质区别相联系，并且仅限于生殖系统。很久以前，克尔罗伊特就注意到，同样两个物种间的正反交结果有差别。举个例子：长筒紫茉莉（*Mirabilis longiflora*）的花粉很容易使紫茉莉（*Mirabilis jalappa*）受精，并产生完全可育的杂种后代；但是在接下来的 8 年中，克尔罗伊特多次尝试用紫茉莉的花粉使长筒紫茉莉受精，连续试验了 200 多次也没有成功。还能举出另外几个同样惊人的例子。蒂雷观察到几种海草（墨角藻属）也有类似的情况。不仅如此，格特纳发现，正反交难易程度出现较小差别的情况非常普遍。他甚至在类缘关系很近、仅被许多植物学家列为变种的形态——如一年生紫罗兰（*Matthiola annua*）和无毛紫罗兰（*Matthiola glabra*）——之间观察到了这种现象。还有一项事实值得注意：正反交产生的杂种，虽然是由同样的两个物种杂交得来的，只不过一个物种先用作父本，后用作母本，但在可育性上通常存在小的差别，偶尔也会有较大的差别。

格特纳还举出另外一些奇妙的规律。例如，有些物种具有和异种杂交的超凡能力，同属的其他物种具有使杂种后代肖似自己的非凡能力，但这两种能力不一定相互关联。有些杂种并不像通常那样具有双亲之间的中间性状，而总是极像其中的某一方。这样的杂种虽然长得极像纯粹亲种的一方，但通常是极端不育的。结构通常介于父母之间的杂种，有时也会出现个别例外——出现极像纯粹亲本某一方的个体。这些例外的杂种几乎总是完全不育，即便在同蒴所生的其他种子显著可育的时候也是如此。这些事实表明，杂种的可育性与外观像不像父母完全不相关。

那么，这些复杂而奇特的规律能否表明，物种被赋予难育性仅仅是为了阻止它们在自然界相互混合呢？我认为不是这样的。否则，考虑到避免混合对所有物种都同等重要，在不同物种杂交的时候，为什么难育性程度会有这么大的差别呢？为什么某些物种很容易杂交，却只产生非常不育的杂种；而其他物种非常难于杂交，但却产生相当可育的杂种？为什么同样两个物种的正反交结果经常会出现巨大的差异？我们甚至还可以问，为什么自然界允许产生杂种？——一方面赋予物种产生杂种的特殊能力，另一方面用不同程度的难育性阻止它们进一步繁殖，而且难育性程度与纯粹亲本首次结合的难易并无严格关联，这种安排难道不奇怪吗？

在我看来，上述规律和事实清楚地表明，首次杂交的难育性和杂种后代的难育性只是伴随着杂交物种彼此之间的未知差异（主要在生殖系统）而发生的。让我举个例子解释一下：我想没有人会认为，一种植物可以被嫁接或芽接到另一种植物上是一种被特别赋予的能力，而会认可这是伴随着两种植物生长规律的差别而发生的。有时我们会看到，一种树不能嫁接到另一种树上的原因在于，生长速度不同、木质硬度不同等等。但在很多情况下，我们找不出任何原因。两种植物大小不同、适应的气候大不相同等，并不总能阻止两者嫁接在一起。杂交会受系统类缘性的限制，嫁接也是如此。因为没有人能把不同科的树嫁接在一起；相反，近缘物种和同物种的各变种经常可以轻易嫁接。但是，和杂交能力一样，嫁接能力并非完全取决于系统类缘性：与同属的苹果树相比，梨树更容易嫁接到不同属的榅桲上，梨树不同变种嫁接到榅桲上的能力也有所不同。

因此，我们看到，虽然嫁接结合与“生殖行为中的雌雄因素结合”显然具有根本的不同，但是，不同物种间嫁接和杂交的结果却大致平行。正如我们必须把支配树木嫁接难易程度的奇特法则视为由生长系

榲桲

蔷薇科榲桲属落叶灌木或小乔木。叶卵形或长圆形，背面密被软毛。晚春或初夏开花，花白色或粉红色。果梨形，黄色，味甘酸

统的未知差异偶然引起的一样，另一个更加复杂的法则——支配首次杂交难易程度的法则也应该被视为由生殖系统的未知差异导致。总之，在我看来，这些事实绝没有说明，不同物种嫁接或杂交的难易是一种被特别赋予的性质。

## 首次杂交难育性的原因和杂种难育性的原因

首次杂交难育性和杂种难育性存在根本的不同：两个纯粹物种结合，雌雄生殖器官是完善的；而杂种的生殖器官不完善。

即使在首次杂交时，物种结合的难易程度也取决于几种不同的原因。雄性因素要到达卵子或胚珠，有时必然会碰到生理上的障碍，比如一株植物的雌蕊太长，花粉管不能够到子房。据观察，当一个物种的花粉被放到远缘物种的柱头上时，虽然花粉管伸出来了，但是无法穿入柱头的表面。再者，雄性因素可以到达雌性因素[①]，却不能引起胚胎发育，或者，也许胚胎可以发育，但却在早期夭折。正如我们无法解释两种树为什么不能嫁接这种难题一样，我们对于上述事实也无法给出适宜的解释。

杂种的难育性是一种非常不同的情况。我不止一次提到，自己收集的大量事实能说明，当动物和植物离开它们的自然生存环境时，生殖系统很容易受到严重影响。在这种情况引发的难育性和杂种的难育性之间，存在许多相似之处：难育性都和总体健康程度无关，并且经常伴有不育个体的身体肥大或异常繁茂；难育性都以不同的程度出现；雄性因素最易受影响；难育性的倾向都在某种程度上与系统类缘性相关，因为全群动植物物种都会因为同样的不自然条件而失去生育能力，

① 这里指花粉管伸入了子房。

并且全群物种都有产生不育杂种的倾向。另一方面，有时个别物种能抵抗环境的巨变而生殖力无损，所以不经试验，谁也不知道，哪一种动物在圈养情况下，或者哪一种植物在栽培条件下，能自由地产生后代。同样，同属的两个物种能否产下或多或少难育的杂种，也要试过才知道。

于是我们看到，当生物被放到新的、不自然的条件下和当两个物种通过不自然的杂交产下杂种时，它们的生殖系统都会以非常相似的方式受到难育性的影响，而与总体健康状况无关。前一种情况是因为生存条件受到了扰动，后一种情况（即杂种的情况）是外界条件没变，但因为两个不同的结构和体质混合而扰动了组织结构。

旁人听起来可能会觉得异想天开，不过我推测，类似的平行关系也适用于一类有联系但非常不一样的事实。有一个古老的信念——生存条件的微小变化对所有生物都有利——得到了普遍的认可。我认为，这种信念是建立在大量证据之上的。我们看到，农夫和园丁频繁地把种子、块茎等交换到另一种土壤或气候，然后再交换回来，他们就是在实践上述信念。在动物和植物中都有大量证据能证明，同一物种的两个非常不同的个体，即来自不同品系或亚品种的个体，发生杂交将赋予后代活力和可育性。因此，一方面，生存条件的微小变化对所有生物都有利；另一方面，轻度杂交，即某个因变异而呈现微小不同的物种雌雄个体之间的杂交，将赋予后代活力和可育性。但是，我们看到，大的变化，或者特定性质的变化，往往使生物出现某种程度的不育；而远距杂交（即相差很远或不同物种雌雄个体之间的杂交）产生的杂种也经常出现某种程度的不育。我很难确信，这种平行关系是偶然的还是虚幻的。两组事实看来都是被某种未知因素联系在一起的，这种因素在本质上与生命原则相关。

## 变种间杂交的可育性和它们的混种后代的可育性

人们可能会强烈地主张，物种和变种之间必定存在某种本质区别，前面的论述一定有误！因为不管变种之间在外观上差别有多大，总是很容易进行杂交并产生完全可育的后代。

我完全承认，实际情况大多如此。但是，如果观察的是自然状态下的变种，我们立刻就会陷入无望的困难之中。因为，一旦发现两个先前公认的变种在杂交时出现任何程度的难育，大多数博物学家就会立即将两者列为物种。例如，大多数优秀的植物学家认为蓝海绿（*Anagallis coerulea*）和红海绿（*Anagallis arvensis*）、莲香报春花和高背报春花是变种；但格特纳称，它们杂交的时候基本不育，结果把它们列为确定无疑的物种。如果我们陷入这样的循环论证，那么就必须承认，自然状态下产生的变种都具有可育性。

如果我们回过头来观察家养产生的变种，就会更加疑惑不解。例如，当说某些南美土著家养狗不能和欧洲狗轻易结合的时候，每个人都会认为，原因可能在于这些狗传衍自几种原本不同的物种，这种解释可能是对的。然而，一个显著的事实是，许多家养变种在外貌上差别很大，但杂交后却具有完全的可育性（如鸽子或甘蓝）；更令人不可理解的是，许多外貌相似的物种在杂交时却完全不育。不过，以下几项考虑将使家养变种的可育性不再像初看上去那样惊人。首先，不能仅通过

红海绿（上）和蓝海绿（下）
报春花科琉璃繁缕属一年生或二年生草本。花期 3 ~ 5 月，花冠通常蓝色，偶红色

外貌差别断定两个物种杂交时不育性的高低，家养变种也不例外。其次，某些杰出的博物学家认为，杂种开始只是轻微不育，但长期的家养历程倾向于在连续的世代里削弱杂种后代的不育性。最后一点也是我认为最为重要的一点：家养状态下通过有意选择或无意选择培养的动植物新品种，是为了人类的用途和喜乐，对于生殖系统的微小差异或者与生殖系统相关的其他体质差异，他既不想选择，也不能选择——他为几个变种提供同样的食物，用近乎相同的方式对待，并不希望改变它们总体的生活习性；而自然则是在漫长的时间里缓慢而均一地作用于整个生物体，这样它就能够直接或者间接地通过相关律改变从任一物种传下来的几支后代的生殖系统。既然人工选择过程和自然选择过程存在差异，其结果有所不同也就不足为奇了。

之前的所有论述似乎表明，同一物种的不同变种在杂交时都是可育的。但是我认为，下面几个例子确实表明，变种杂交具有某种程度的难育性。几年之中，格特纳在花园的相邻位置种植黄籽的矮玉米和红籽的高秆玉米变种，虽然两种玉米均为雌雄异花，但从未发生过自然杂交。然后，格特纳用一种玉米变种的花粉给另一种玉米变种的 13 个花穗受精，只有一个花穗结下了区区 5 粒种子。因为这些植株为雌雄异花，所以人工授精操作不会产生有害影响。我相信，没有人认为这两种玉米变种是不同的物种。值得注意的是，这样产生的杂种植株本身是完全可育的，因此，即使格特纳本人也不敢认为，这两个变种是不同的物种。

毛蕊花

玄参科毛蕊花属二年生草本。植株高大，全株毛茸状。花期 6 ~ 8 月，花密集，数朵簇生在一起，花梗短，花冠黄色

下面的例子更加惊人，乍一看令人难以相信，不过确实是在很多年间对毛蕊花属的 9 个种进行大量实验的结果，实验师就是杰出而苛刻的格特纳。毛蕊花属的一个物种具有黄色变种和白色变种，两者杂交的时候产籽较少，即都少于用同色花花粉授精所产的种子。他进而声称，当一个物种的黄色变种和白色变种与另一个不同物种的黄色变种和白

色变种杂交的时候，同色花杂交要比异色花杂交产生更多的种子。然而，毛蕊花属植物的这些变种除了花色不同之外并无其他区别，有时一个变种的种子还能生出另一个变种。

从以上几项事实和考量来看，我不认为变种杂交具有可育性的普遍现象能被证明是一种必然趋势，即不能根据是否具有可育性来区分变种和物种。我认为首次杂交和杂种普遍难育（但也有例外）并不是一种特殊的禀赋，而是伴随着缓慢获得的修改（特别是杂交双方的生殖系统的修改）而发生的；在我看来，变种杂交通常具有可育性并不足以推翻我所持的上述观点。

## 杂种和混种除可育性之外的特征

除可育性之外，还可以从其他几个方面比较物种杂交的杂种后代和变种杂交的混种后代。它们最重要的区别是：第一代混种要比第一代杂种更容易发生变异。混种比杂种具有更大的变异性，这在我看来不足为奇。因为混种的双亲是变种，并且大多是家养变种（因为很少用自然变种做实验），这表明在大多数例子中，变异性是最近出现的；所以我们或许可以期待，这种变异性总能持续，并且叠加到仅由杂交行为本身产生的变异性上。

第一代杂种变异性很微小，与其后连续世代中呈现的极大变异性形成鲜明对比。这是一项有趣的事实，值得我们注意。因为这涉及并证实了我所持的观点，即普通变异性与生殖系统对生存条件的任何改变非常敏感有关，后者经常使生殖系统变得无用。因为第一代杂种是由生殖系统无碍的物种（不包括长期栽培的物种）产生的，所以第一代杂种不易变异。而因为杂种本身的生殖系统受到了严重的影响，所以它们的后代就高度可变了。

再回来谈混种和杂种的比较。当两个物种杂交的时候，有时某一方会呈现优势力量，使杂种偏像自己。我相信植物变种的情况也是如此——在动物中，某个变种当然经常具有优势力量，压倒另一个变种。正反交得来的杂种植株通常是彼此相像的，正反交得到的混种也是这样。如果在连续世代里反复与任一方亲本进行杂交，杂种和混种都能还原产生纯粹的父方形态或母方形态。

抛开可育性和难育性不谈，物种间杂交的后代和变种间杂交的后代似乎在所有其他方面都具有普遍而密切的相似性。如果我们把物种看作是被特别创造的，把变种看作是由次级法则产生的，那么，这种相似性就是一项令人匪夷所思的事实！不过，这种相似性与“物种和变种无本质区别”的观点却完全和谐一致。

# 第九章

# 论地质记录的不完备

根据17世纪初期《圣经》文本的记载，厄谢尔大主教（1581—1656）计算出从创世到基督诞生只有4 004年的历史，也就是说从上帝创造世界到达尔文时代才经历了6 000年。然而，19世纪初，地质学家赖尔以无可辩驳的证据提出，地球上的山脉和河谷都是经历漫长时间演化的结果。在本章中，达尔文根据悬崖被大海侵蚀的速度推算出英国威尔德地带的年龄约为3亿年。根据我们今天所知，地球的年龄应该长达46亿年。

显然，除非地球存在的时间确实很漫长，否则不论是赖尔的地质逐渐演进论还是达尔文的进化论都无法得到证实。达尔文提出的生物进化证据就是那些在地层剖面结构中发现的一层层化石矿床。然而，在连续的地层组中找不到连接各个物种的无数过渡环节，在欧洲的地层组中整群物种突然出现，在志留纪地层以下几乎找不到含化石的地层组，这些都对达尔文的进化论构成了严重威胁。达尔文用地球表面只有极少一部分被勘查过、化石地层形成需要非常特殊的环境条件、各地层组之间时间间隔很长等原因来解释这些难题。

在占地球生命史1%的寒武纪中爆发式地产生了地球上绝大多数动物门类，这与达尔文提出的渐变论相矛盾。实际上，现在科学家们普遍认为，生命进化史上既有渐变，也有突变，两者在生物进化中都起着重要的作用。

## 中间变种的性质

在第六章，我列举了可能用于反对本书观点的主要意见。前面已经讨论了其中的大部分。另有一个反对意见提到，物种类型的区别分明——物种彼此之间没有通过无数过渡环节而混淆在一起，即使在环境逐渐变化的大片连续区域，也不存在过渡环节。我为这种缺失所做的辩白是：与它们所连接的形态相比，中间变种的数量较少，因而在物种进一步修改和改良的过程中，通常会被打败和剪灭。不过，目前阶段大量中间环节在自然界中没有到处发生的主要原因在于自然选择：通过自然选择过程，新的变种不断取代和剪灭它们的祖先种。因为这种灭绝过程规模非常可观，所以曾经在地球上生存过的中间变种的类型数一定非常多。那么，为什么在地质上的各组和各层中没有充满这些中间环节呢？地质学确实没有揭示出这种一级一级循序渐进的生物链，这大概对我的学说构成了最明显、最严重的反对。我认为答案在于，地质记录是极其不完备的。

首先必须搞清楚，根据我的理论，之前肯定存在过的中间形态是什么样的。在观察两个不同物种的时候，不可避免我们会在头脑中绘出两者之间的直接中间型。但这是一个完全错误的想法，我们应该始终寻找的是，每个物种和它们的未知共祖之间的中间型。例如，扇尾鸽和球胸鸽都传衍自岩鸽：如果我们拥有曾经存在过的所有中间变种，就能够在这两者和岩鸽之间各摆出一条级进序列；但是，在扇尾鸽和球胸鸽之间，应该没有直接介于两者之间的中间变种。

自然的物种也是一样。如果我们观察两个差别很大的物种，例如马和貘，我们没有理由设想，曾有直接介于两者之间的中间环节，但可以设想，它们各自和未知的共祖之间曾存在中间环节。这个共祖与貘和马大体相似，但在某些结构要点上可能与后两者有显著区别，甚至比后两者之间的区别还要大。于是，在所有这类例子中，我们没有办法辨识出任何两个或多个物种的祖先型是什么样的，除非我们同时有一条近乎完美的中间环节链条，否则，即使我们能对祖先型及其修改后的后裔的结构进行仔细对比，也难以辨识。

貘

哺乳纲奇蹄目貘科貘属动物的通称。体长近2米，尾极短，鼻端向前突生，能自由伸缩

根据我的理论，一种现存形态也有可能传衍自另一种现存形态。例如，马可能传衍自貘。这种情况下，两者之间势必存在过直接的中间环节，但这种情况意味着一种形态在很长时间内保持不变，而它的后裔却发生了很大的变化。生物与生物之间竞争和子代与亲代之间竞争的原理将会使这种情况极为罕见，因为新的改进型生物通常会取代

旧的未改进生物。

根据自然选择理论，所有现生物种都曾经通过中间形态与本属的祖先种相连，它们之间的差异不会大于我们今天所见的同一物种不同变种之间的差异。不断向上追溯，每个大的纲都有一个共祖。因此，所有现生生物和已灭绝生物之间的中间过渡物种肯定多得不计其数。如果自然选择理论正确，这些生物就一定曾经在地球上存在过。

## 论时间的流逝

还有一种反对意见认为：自然选择导致的变化非常缓慢，时间不足以使生物发生如此剧烈的变化。人们持这种观点，是因为缺乏地质考察经验，难以领会时间的浩渺流逝。一个人必须长年累月地实地研究大量层叠的地层，观察大海磨蚀掉古老的岩石、产生新的沉积，才有希望大略理解时间流逝的概念，才有希望理解时间在我们周围塑成的纪念碑。

请沿着中等硬度岩石构成的海岸线漫步，留意侵蚀的过程。大多数情况下，一天里海潮到达岸崖的机会只有两次，时间都很短，而只有当海水携有沙石的时候，海浪才能吃进崖壁——水本身对岩石的侵蚀很小，甚至造不成侵蚀。最后，悬崖的基础被破坏，大块的岩石纷纷坠落下来，而仍然保持固定的部分则被一点儿一点儿地侵蚀掉，直到体积小到能在海浪中翻滚，之后很快被磨成卵石、沙或者泥。不过，在后退的岸崖基部，常常能见到被磨圆的砾石上覆盖着厚厚的海洋生物，表明它们很少被侵蚀、很少被海浪把玩！此外，即使在石崖岸线发生侵蚀的情况下，我们也只能发现，在这里或那里、这一小段距离或那个海岬周围，石崖正在遭受侵蚀，而其他地方的表面状况和植被则表明，已经长年累月没有海水能冲刷它们的基部了。

我相信，曾经就海蚀作用进行过最仔细研究的人，一定对岩石海岸被侵蚀的缓慢程度印象极深。随便请谁来检查几千英尺厚的砾岩岩床，这种岩床的形成速度要快于许多其他沉积物，但是，它是由磨圆的卵石组成的，每一块都打上了时间的印记，足以说明这些物质的积累是多么缓慢。请记住，沉积层的厚度和广度表征了地壳其他地方遭受侵蚀的程度，而许多地方的沉积物显示出的侵蚀作用是多么大啊！拉姆齐教授为我提供了英国不同地点各个地层组[①]的最大厚度：

| | |
|---|---|
| 古生代层（不包括火成岩层） | 57 154 英尺 |
| 第二纪[②]层 | 13 190 英尺 |
| 第三纪层 | 2 240 英尺 |

合计 72 584 英尺，折合将近 14 英里。虽然在英国，有些地层组由很薄的层组成，但在欧洲大陆却有几千英尺厚。并且大多数地质学家认为，在每两个相继的地层组之间存在着极其漫长的空白时期。

也许很多地方地层被剥蚀的程度可以为时间的流逝提供最好的证据。我在观察火山岛的时候，曾经被剥蚀作用的证据所震撼——这些火山岛已经被海浪冲蚀，四周被切去形成一两千英尺高的直立悬崖；因为岩浆流先前呈液态，所以从岩浆流形成的平缓坡度一眼就能看出，坚硬的岩层曾经延伸到多么遥远的海洋。同样的故事由断层来讲会更清楚。断层是沿着地层的巨大断裂，地层在一侧发生抬升，或者在另一侧发生沉降，断裂高度或深度可达数千英尺。自从地壳破裂以来，地表已经被海水作用削平，从外表上已经完全看不到地层错位的任何痕迹了。

① 岩石地层划分的基本单位，或者由一种岩石构成，或者以一种岩石为主间有重复出现的其他岩石的夹层，或者由两种岩石交替出现的互层所构成，还可能以很复杂的岩石组分或独特的结构所构成并与其他组相区别。

② 对应于中生代（包括三叠纪、侏罗纪和白垩纪），现在已不再使用这种说法。

例如，克雷文断层绵延 30 英里，这一线地层的垂直位移从 600 英尺到 3 000 英尺不等；安格尔西有一个下落地块深度达 2 300 英尺。但在这几处地点，地表并无痕迹显示曾发生过如此巨大的地质运动——断层一侧或另一侧的岩石已经被海水的作用磨平。这些事实给我留下的印象之深，犹如一个人徒然要与“永恒”抗争一样。

我忍不住要再举一个例子——著名的威尔德剥蚀。这个例子与拉姆齐教授在大作中提到的古生代地层大剥蚀相比，实在不值一提，那可是厚度可达一万英尺的大地块。不过，如果你站在北部丘陵上遥望南部丘陵，就能上一节大课！如果知道南北悬崖在西边不远处合拢，你就能想象出，近至白垩纪晚期，威尔德地带一定曾覆盖着巨大的石穹。南北丘陵相距约 22 英里，几个地层组的平均厚度约 1 100 英尺。如果我们知道大海侵蚀掉任意给定高度的悬崖岸线通常需要多长时间，就能测量出海水蚀空威尔德地带所需的时间。为了形成大致的概念，我们可以假设，500 英尺高的悬崖被大海侵蚀的速度是每百年一英寸，按照这个速度计算，剥蚀威尔德地带大致需要 3 亿年。

在古老的年代里，全世界范围内的陆地和海洋都充满了大量生命形态。春秋轮转，无数世代前后相继，诚非人类头脑所能蠡测！然后，请把目光投向我们最富有的地质博物馆，我们拥有的陈列品是多么微不足道啊！

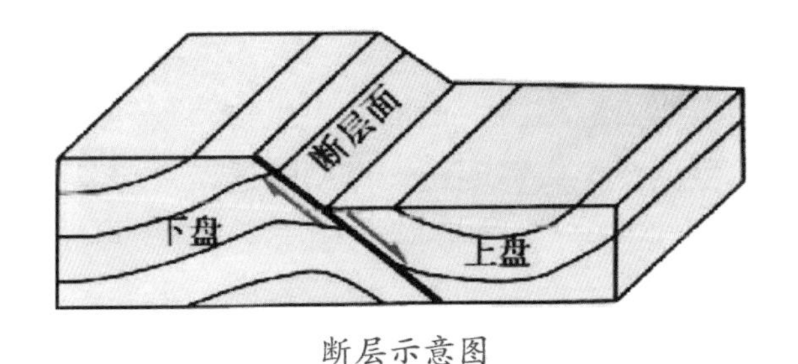


断层示意图

# 论古生物标本的贫乏

每个人都承认，我们的古生物标本非常不完备。我们对化石物种的认识和命名通常是由残破的单个标本得来的，或者是由某一地点收集的少数几个标本得来的。人们只对地球表面上很小一部分做过地质学研究，而且从欧洲每年的重大发现来看，没有一处被仔细研究过。完全柔软的生物保存不下来；如果没有沉积物覆盖，沉到海底的贝壳和骨头就会腐烂、消失。我相信，一直以来我们所持有的观点是十分错误的，即默认“沉积在几乎整个海床上进行，其速度足以掩盖和保存化石遗骸”。海洋中广大水域呈晶蓝色，说明水质纯洁。被沙或砾石掩埋的遗体，遇到岩床升起时，通常会因为雨水浸透而分解。我推测，生活在海岸高、低水线之间的众多动物只有极少数能保存下来。例如，小藤壶亚科的几个物种数量众多，遍布于世界各地的岩石上，它们都是严格的滨海物种，只有生活在深水中的地中海物种例外，其化石仅见于西西里。除此之外，在第三纪地层组中尚未发现第二个小藤壶亚科物种的化石，但我们知道，小藤壶属在白垩纪就存在了。

关于生活在第二纪和古生代的陆生生物，我们拥有的化石证据非常零碎。在陆生贝类中只发现过一例属于这两个漫长时代，哺乳动物的化石也很难保存下来，它们的稀少并不令人惊讶：我们知道，第三纪哺乳动物的遗骨，有很大一部分是在洞穴中或湖相沉积中发现的；目前尚未发现属于第二纪或古生代地层组的洞穴或真正的湖床。

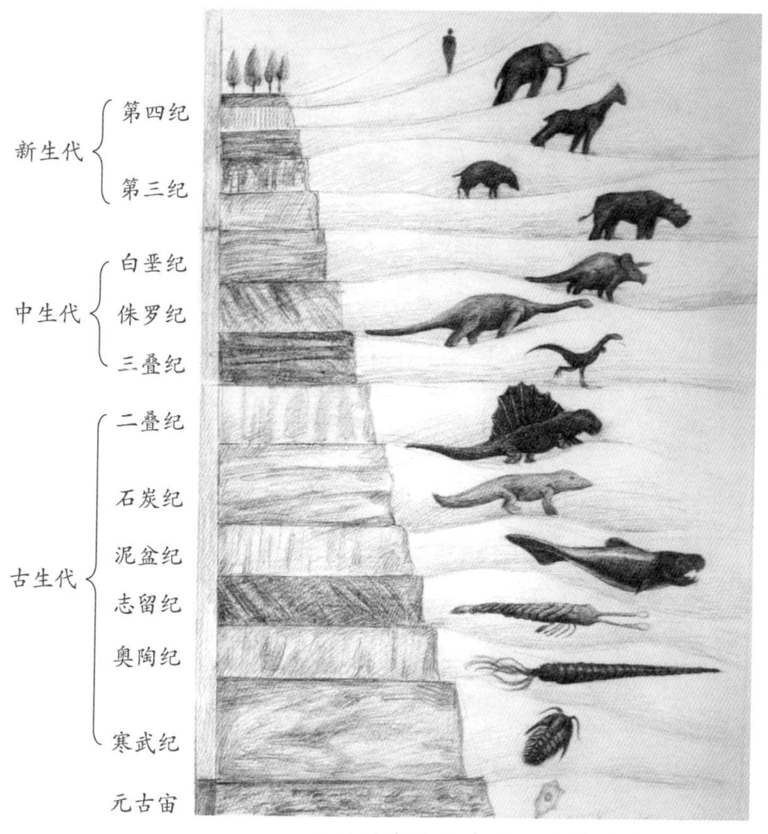


不同时期地层中的古生物种类

但是，地质记录之所以不完备，最主要的原因是：各地层组之间被漫长的时间间隔隔开了。当我们在书面材料的图表中看到地层组，或者在自然界中追寻它们的踪迹时，难免会认为它们是紧密相连的。其实，对比了世界上很多地区的重叠地层组之后，我们就会发现，它们之间的间隙有多大。即使是最老到的地质学家，如果目光只局限在这些广袤地区，也绝不会想到，在本国一片荒芜的时候，世界上其他地方却堆积起了包含特殊形式新生命的巨量沉积。在相继的地层组中矿物组成频繁变化通常表明，周边地区出现过巨大的地理变迁，由此会产生沉积。这符合各地层组之间时间跨度很大的观点。

沉积物必须积聚成又厚又大的块，才能抵抗海浪的不断冲刷。这种又厚又大的沉淀积累可以通过两种方式形成：在相当深的海中进行堆积，或者在浅海底不断缓慢下降的情况下进行堆积。在第一种情况下，根据福布斯的研究，我们可以认为，栖息在海底的动物十分稀少，所以上升的大块沉积对当时生命形态的记录非常不完备。在第二种情况下，只要海底下降的速度与沉积物供应的速度基本相当，浅海就会一直保持适合生命生存的状态。这样，当它升起的时候，就可能形成厚度足以抵抗任何侵蚀作用的化石地层。

我确信，所有富含化石的古代地层组都是以上述方式在下降期形成的。自从 1845 年就此问题发表看法以来，我一直很关注地质学的进展。我惊讶地发现，一个又一个学者在处理这个或那个大的地层组时，都得出了同样的结论——在下降期间累积形成。

所有地质学观察结果都表明，世界各地普遍发生过上下起伏震荡，并且震荡的影响范围很广。因此，在下沉期可能会形成大片富含化石并且厚度和广度足以抵抗后续侵蚀作用的地层组，但条件是，沉积物的堆积足以使海水保持浅的状态，从而使遗骸在未腐烂之前就被埋藏和保存下来。相反，如果海床保持静止，厚重的沉积就不可能在适于生物生存的浅海形成。于是，地质记录就不可避免地要断断续续了。

毫无疑问，整体而言，地质记录是非常不完备的。如果我们只把注意力集中在任何一个地层组，就会更加难以理解，为什么我们在自始至终存在于某个地层组形成期内的近似种之间找不到紧密级进的变种。虽然我能列举几条原因说明，为什么所有地层组中都不包含当时物种的级进序列，但尚不能确定各个因素的权重高低。

虽然每个地层组的形成都有可能经历了极其漫长的年代，但恐怕都短于把一个物种改变成另一个物种所需的时间。我从两位值得尊重的古生物学家布龙和伍德沃德那里了解到，每个地层组的平均形成时间大约是每个物种形态平均持续时间的两倍或三倍。当我们在地层组中央发现某个物种首次出现时，断定之前它从未在任何其他地方出现过是极其冒失的。同样，当我们发现某个物种在最上层沉积形成之前消失，就认为它从此彻底灭绝也是极其冒失的。不要忘了，和欧洲以外的世界相比，欧洲是多么渺小。何况我们还没有把整个欧洲范围内同一地层组的几个阶段精确地关联起来。

我们完全可以推想，在发生气候变化（如冰期）或其他变化时，各种海洋动物曾进行过大规模迁徙。当我们看到一个物种首次出现在某个地层组中时，很可能它只是在那个时候刚刚迁居于此。例如，大家都知道，有几个物种出现在北美古生代地层的时间略早于出现在欧洲古生代地层的时间，显然从美洲的海迁到欧洲的海是需要时间的。在考察世界各地最近期的沉积时经常发现：有几种现生物种在沉积中很常见，但在毗邻的海洋中却已经灭绝；或者相反，虽然繁盛于毗邻海域，但在这一特定的沉积中却很稀少或者完全缺失。让我们举一个例子，在密西西比河河口附近，有一段深度范围非常适宜海洋动物生存，但此地恐怕不可能在整个冰期都发生沉积，因为我们知道，美洲其他地方在此期间曾发生过巨大的地理变迁。当在冰期中某段时间形成于密西西比河河口附近浅水中的沉积地层向上抬升时，由于物种迁徙和地理变迁，生物遗骸可能会首先出现、然后消失于不同的地层。在遥远的将来，当地质学家检查这些地层的时候，可能会得出“这里所埋藏的化石生物的平均持续期要短于冰期持续期”的结论，而不是远长于冰期持续期，即从冰期以前一直持续到现在。

如果想在一个地层组的上层和下层之间得到完美的级进序列，就必须持续不断地积累很长时间，以便生物完成缓慢的变异过程，因此沉积一定非常厚，并且要求发生修改的物种在整个时期内都生活在同一地区。但我们已经看到，富含化石的厚地层组只有在下降期才能堆积起来，要使同一物种生活在同一个地方不迁徙，沉积物的供给必须与下降的量大致平衡，才能使深度保持稳定。实际上，沉积物供给和下降的量完美平衡大概是一种很少发生的情况，因为不止一位古生物学家观察到，非常厚的沉积通常缺乏生物遗骸，但靠近最上层或最下层的地方除外。

看来，与任何地方的整套地层组一样，单个地层组也会出现间断。我们经常看到，一个地层组由矿物组成不同的层构成，这时我们可以合理地推测，沉积过程被严重地打断了。即使对一个地层组进行最细致的观察，也无法知道沉积过程耗费的时间有多长。可以举出很多例子，某地只有几英尺厚的岩层，却与别处一些积累了很长时间的数千英尺厚的若干地层组相当。但是，不知道这个事实的人难以相信，这么薄的地层组竟代表了如此漫长的时间。另有许多例子表明，地层组中较低的层发生抬升后被剥蚀，再沉没，然后被同一地层组中较高的层所覆盖。因此，如果同一物种在一个地层组的下层、中层和上层都出现，很可能它们并没有在整个沉积期内都生长在同一地点，而是在同一地质时期几度消失和重现。所以，如果这个物种在每一个地质时期都发生了可观的修改，则地质层的剖面大概不会包含所有细小的中间级进，而只会呈现形态的突然变化，虽然这些变化可能很轻微。

重要的是要记住，博物学家并没有借以区分物种和变种的金科玉律。他们允许每个物种内有小的变异性，不过，当他们碰到两种形态之间存在较大差异时，就会把两种形态都列为物种，除非能找到一种紧密的中间级进把两者联系起来。根据前述理由，我们很难指望在一个地质剖面中找到这个中间级。所以，我们也许能从一个地层组的下层和上层找到祖先种及其几个发生修改的后代形态，但除非我们能够获得无数过渡级进，否则无法辨识出它们之间的关系，只能将它们列为不同的物种。

众所周知，许多古生物学家对物种的区分只建立在极小的差异上。如果标本来自同一地层组的不同亚阶，他们就更倾向于把这些标本列为不同的物种。某些有经验的贝类学家把道尔比尼等学者细分出的物种降为了变种。按照这个观点，我们确实找到了根据我的理论应该找到的那类变化证据。并且，如果我们扩大观察范围，即观察同一地层组内不同但连续的阶，就会发现：虽然埋藏的化石普遍被列为不同的物种，但它们之间的关系比起相隔更远的地层组中的物种，则要密切得多。

不要忘了，虽然目前有完好的标本可供研究，却很少能用中间变种将两种形态关联起来，从而证明它们属于同一物种，除非能从很多地方采集很多标本，但古生物学家对化石物种的采集很难做到这一点。如果我们试着问自己如下这类问题，大概就能最好地领会，为什么我们不可能把物种用无数细小的中间化石环节联系起来：比如，未来的地质学家能否判明，栖息在北美海岸的某几种海贝是变种，还是与欧洲代表种不同的物种？未来的地质学家只有发现化石状态的大量中间级进之后，才能弄清楚。在我看来，他们成功的可能性极低。

地质学研究虽然已经为现存的属和灭绝的属增加了大量物种，并且使得某些类群之间的间隔变小；但在“用无数微细中间变种联系诸物种、打破物种间樊篱”方面，却几乎没有取得任何进展。在对我的观点提出的所有反对意见中，这种遗憾恐怕是最严厉和最明显的一个。

坦率地说，如果不是“在每个地层组自始至终的形成过程中，未发现物种间的无数过渡环节”这个难题对我的理论提出了严重挑战，我不会注意到，保存最完好的地质剖面所展现的生物转变记录也这么贫乏。

## 论整群近似种的突然出现

整群的物种在某些地层组中突然出现，被几位古生物学家看作是对物种衍变信念的致命打击。如果同属或同科的大量物种果真是同时降生的，那么“通过自然选择进行缓慢修改的传衍论”的确会遭到致命的一击。因为从某个祖先传下来的一群物种要发展壮大，必须经过一个非常缓慢的过程，所以祖先的生存时代必然远远早于修改了的后代。但是，我们总是高估地质记录的完备性，错误地根据某些属或科没有在某个地层下面发现，就推断它们的生存期不会早于这个地层。我们总是忘记，与被仔细研究过的地层组相比，整个世界的面积是多么广大。我们忘了，在物种群侵入欧洲和美国的古老群岛以前，就已经在别处生存、繁衍了很长时间。我们也没有认真考虑，两个相邻的地层组之间间隔的时间有时比形成每个地层组所需的时间还要长。这些间隔期为物种从某个或某几个祖先型衍变出来提供了时间，于是这些物种在随后形成的地层组中就会很像是被突然创造出来的。

让我举几个例子说明，在我们假定“整群物种被突然制造出来”的时候是多么容易犯错。几年前出版的地质学论文认为，哺乳纲动物是在第三纪发轫的时候突然出现的。而现在，我们已经发现了最丰富的化石哺乳动物沉积，其生存期为第二纪中期，并且在接近第二纪初期的新红砂岩中发现了一只真正的哺乳动物。居维叶曾说过，任何第三纪地层中都没有猴子出现。但是，现在在印度、南美洲和欧洲发现了可追溯至更早的始新世的灭绝猴种。最惊人的例子来自鲸科，鲸科动物骨骼巨大、海生、分布于世界各地。在任何第二纪地层组中从未发现过一片鲸类骨骼的事实，似乎完全可以证明“这个独特的大目是在第二纪末期和第三纪初期的地层组中突然出现的”。但是，在 1858 年出版的赖尔《手册》增刊中，我们可以清楚地读到鲸科动物被发现于第二纪结束之前海绿石砂岩上层的证据。

可能需要经过一段连续而漫长的时代，才能够使一种生物适应新的生存方式，例如在空中飞翔。但这种方式一旦实现，该物种就由此获得了胜过其他生物的巨大优势，只需较短的时间就能产生许多分歧的形态，这些形态快速而广泛地分布到世界各地。在适应过程的漫长时期内，祖先型的数量不太可能很多，所以也就不太可能保存下来变成化石被人发现。但是，一旦过程结束，物种取得了自然选择上的优势，此物种就会产生大量不同的形态。这些形态出现在地质记录中，看起来就好像很多物种突然出现了一样。

## 论近似物种群在最低已知化石层的突然出现

有一个相关的难点更加难以解释，即为什么同类群的几个物种会在最低已知化石层中突然出现。使我相信“所有同类群的现存物种均从一个祖先传衍下来”的证据，绝大多数同样适用于最早的已知物种。例如，我确信所有志留纪三叶虫都是从某种甲壳纲动物传下来的，这种甲壳纲动物一定早在志留纪之前就已经存在，而且很可能与所有已知动物都大不相同。有些最古的志留纪动物，如鹦鹉螺、海豆芽等，和现生物种相差不大，按照我的理论，这些古老物种不可能是它们所属的“目”中所有物种的祖先，因为它们不具有任何程度的中间性状。此外，如果它们是这些“目”的祖先的话，肯定早就被无数改进的后代取代和消灭了。

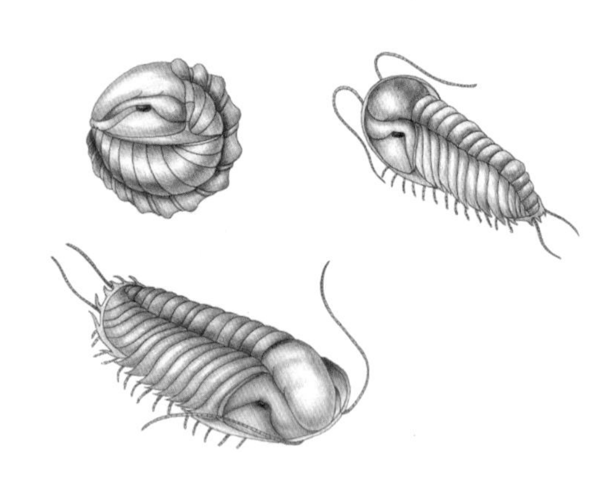

三叶虫

节肢动物门三叶虫纲动物的统称。已灭绝，生活时代为寒武纪到二叠纪。由于背甲一分为三，就像三片并排排列的叶子，故得名。三叶虫是寒武纪里数量和种类最多的化石动物，因此寒武纪又被称为三叶虫时代

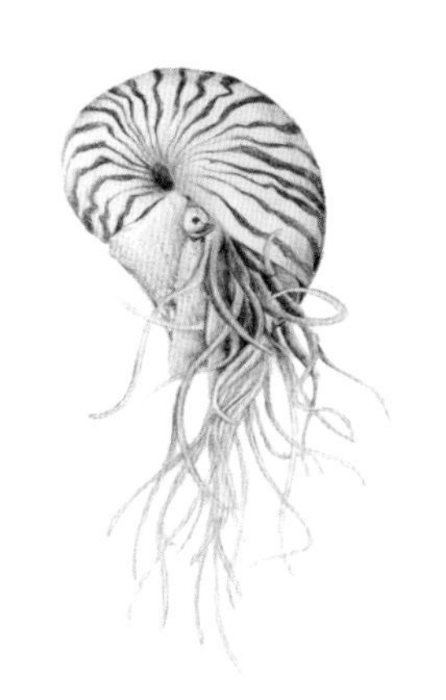

鹦鹉螺

软体动物门头足纲鹦鹉螺科动物的统称。最早出现于寒武纪，在奥陶纪和志留纪达到全盛，现仅存1科1属3种。全部身体为石灰质的螺旋形外壳包被，左右对称，壳面具色纹。壳内由隔壁分成几十个壳室，动物体居最后端最大的壳室中

因此，如果我的理论是正确的，那么，在志留纪最下层形成沉积之前一定经历了很长时间，可能与从志留纪到现在的时间一样长，或者比这个时间更长。在这段不为人所知的漫长岁月中，地球上已经充满了生命。

我们为什么找不到远古时代留下的记录？我无法给出满意的回答。以默奇森爵士为首的几位著名地质学家相信，我们所看到的志留纪最下层的生物遗骸，就是这个星球最初出现的生命。另一些地质学权威，如赖尔和已故的福布斯，则不同意这个观点。不要忘了，我们精确了解的只是这个世界上很小的一部分，不久前，巴朗德先生在志留纪地层之下又发现了一个更低的层位，其中富含很多奇特的新物种。在巴朗德所谓的“原始区”以下有朗名德地层，那里探测到了生命的迹象。磷酸盐结核和沥青物质在最下层的无生命痕迹的岩石中存在，这有可能表明，早期生命形式在这些时期就已经出现了。根据我的理论，在志留纪之前，肯定已有大量含化石的地层堆积在某些地方，很难理解为何找不到它们。目前还无法对此做出解释，也许这的确可以作为反对本书所持观点的有力论据。

在连续的地层组中找不到连接各个物种的无数过渡环节；在欧洲的地层组中整群物种突然出现；就目前所知，在志留纪地层以下几乎

完全找不到含化石的地层组。这些无疑都是最严重的困难。所有著名的古生物学家和地质学家都一致支持物种不变论，正说明了上述困难的严重性。但我有理由相信，伟大的权威赖尔爵士经过再三权衡，已经开始对物种不变论产生怀疑。偏离这些大师的观点当然很需要勇气，因为我们的所有知识都来自这些大师。那些认为地质记录还算完备、轻视本书所列事实和论证的人，无疑将立即拒绝我的理论。我自己则遵循赖尔的比喻，把自然地质记录看成是一部散失不全的世界史。这部史书是用变化的方言写成的，且我们只拥有最后一卷，只涉及两三个国家。在这一卷书中，只零散地保存着某些断章残句。写就这部史书的语言缓慢地变化着，在断断续续的章节中多少有些不同，或许这些词语像埋葬在连续而又相互隔开的地层组中的生命形态一样会发生突然的改变。根据这个观点，上面讨论的各种困难就会大大退去，甚至消失了。

# 第十章

# 生物的地质演替

尽管在前一章中，达尔文强调了地质记录的不完备，但从19世纪中期以前发现的化石记录中已经可以看到：

各个属、各个纲的物种演化的速度显然有差异——有些生物，如海豆芽，从已知最早的化石记录到现在基本上保持未变，而另一些物种，特别是陆生生物，则变化较快；

旧物种的灭绝现象；

旧物种一旦消亡将不可再现——生物演化的不可逆性；

生命形态在世界范围内几乎同时变化；

古今物种都落入一个巨大的自然系统之中——所有化石生物都能归入现生生物群之中，或者归入这些生物群之间；

在某个特定地区发现的已灭绝物种的化石与那里的现生物种非常相似，比如澳大利亚洞穴中的化石哺乳动物与该大陆现生有袋类非常类似等。

在这一章中，达尔文利用“伴有修改的传代理论”对上述与生物地质演替有关的事实和规律进行了解释。读者可以自己做一下判断，地球历史上的化石记录是更符合物种不变论，还是更符合“伴有修改的传代理论”呢？

## 论新物种的产生方式

无论在陆上还是水中，新物种都是非常缓慢地陆续出现的。第三纪若干阶的情况为此提供了无可抗拒的证据，而且每年发现的化石都倾向于填补其间的空白，使已灭绝物种和新物种的百分比更趋于渐进。在某些最近代的地层中，只有一两个物种是已灭绝形态，也只有一两个物种是首次登场的新形态。据报道，西西里岛海洋生物的演替变化很多，也最渐进。第二纪地层比较间断，但在每一个单独的地层组中，许多已灭绝物种的出现和消失并不是同时的。

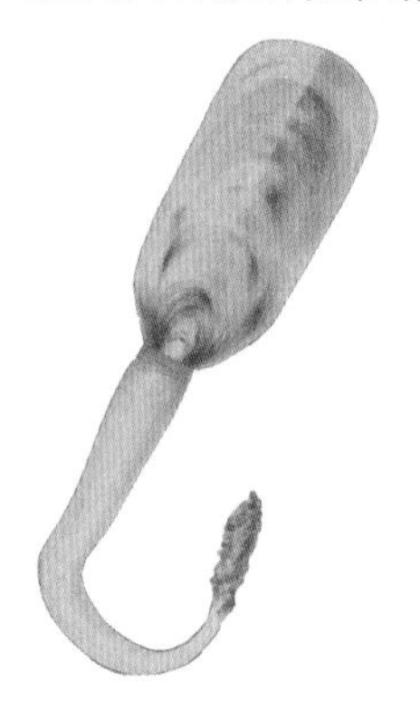

海豆芽

腕足动物门无绞纲无穴目舌壳科海豆芽属动物的统称，古生物学上称“舌形贝”。背腹两壳呈扁平的鸭嘴形，壳面光滑，有一肉茎从壳后端伸出。自寒武纪开始出现，至今尚未灭绝，5亿多年来，不仅壳的形态和结构基本上没有变化，而且一直以软泥内潜穴方式生活着，有活化石之称

各个属、各个纲的物种，变化率并不相同。在第三纪最老的地层中，少数几种现生贝类混迹于大量已灭绝形态之中。在喜马拉雅山下的沉积层中，有一种现生鳄鱼与很多奇怪的已灭绝哺乳类和爬行类埋藏在一起。志留纪的海豆芽与本属的现生物种差异很小，而志留纪的绝大多数其他软体动物和所有甲壳纲动物却发生了很大的变化。看来陆生物种的变化率要快于海生物种；较高

等的生物，其变异通常快于低等生物。在每两个相继的地层组之间，各形态的变化程度很少相等；但是，所有物种都发生了某些变化。

这些事实与我的理论非常一致。我认为，并不存在固有的“发展规律”使某地所有生物发生突然变化、同时变化或等步伐变化。修改过程必定是极其缓慢的。各物种的变异性十分独立，与其他物种的变异性无关。至于这种变异能否被自然所选择而赢得优势，能否积累从而导致该物种或大或小的修改，则要取决于许多复杂的偶发因素——变异的有利性、杂交能力、繁殖速度、环境的缓慢变化，特别是与变异物种相竞争的其他生物的性质。所以，某个物种比其他物种更久地保持形态不变，或变化程度很小，就不足为奇了。我们在地理分布上看到了同样的事实。例如，马德拉岛的陆生贝类和甲虫与欧洲大陆上最近缘的物种已有显著区别，但海生贝类和鸟类仍然保持未变。高等生物与其环境之间的关系更复杂，这或许可以解释，为什么陆生生物和高等生物的变化明显快于海生生物和低等生物。当一个地区的许多生物发生修改和改良时，根据竞争律以及生物与生物之间的各种重要关联，守旧不变的形态将趋于灭绝。这就是为什么在观察时间足够长之后会发现同一地区的所有物种终将改变的原因。

我们能够清楚地理解，为什么一个物种一旦消失就永远不会重现，即使生存环境一模一样也不行。虽然某个物种的后裔可能会产生适应，从而在自然经济体中占据另一个物种的位置并取代它（这种例子不胜枚举），但是新旧两种形态必然从各自的祖先那里继承了不同的特征，所以不会完全相同。譬如，如果祖先型岩鸽毁灭（在自然界，改良后代通常会取代祖先型），恐怕就不能用其他种鸽子培育出和现有扇尾鸽相同的品种了。

物种群（即同属或同科的物种）的出现和消失也遵循与单一物种

相同的规律：变化有快有慢、程度有大有小。物种群一旦消失就永不再现，也就是说，在存在期间，物种群是连续发展的。一般规律是：物种数目逐渐增长，直到达到最大值，然后迟早会发生逐渐减少。逐渐增长的规律与我的理论严格符合，因为同属的物种和同科的属只能慢慢增长：修改过程和一定数量近缘形态的产生肯定是缓慢的渐变，从一个物种首先产生两到三个变种，这些变种慢慢转化成物种，又以同样慢的步骤相继产生其他物种……就像从一根主干开始开枝散叶长成大树，直到变成大的物种群。

# 论灭绝

根据自然选择理论，旧形态的灭绝和新的改良形态的产生是紧密相关的。认为地球生物被大灾难一次次扫灭的旧观点基本上已被抛弃。相反，根据对第三纪地层的研究，我们完全有理由相信：物种和物种群是一个接一个逐渐消失的。不论是单个物种还是物种群，其持续的时间都很不相同。正如我们所见，有些物种群从就目前所知生命最早出现的时刻起一直持续到现在，有些在古生代结束之前就消失了。看来，并没有固定不变的法则可以决定任何一个物种或属能存在多长时间。

在拉普拉塔考察时，我发现一颗马的牙齿与乳齿象、大地懒、箭齿兽等已灭绝奇兽的遗骸埋在一起，它们都曾在距今很近的一个地质时期和现生贝类共存。我感到非常惊异，因为自从马被西班牙人带到南美之后，已经在整个大陆恢复野生，其数量增长之快，堪称史无前例。我问自己：在显然有利的生存环境中，是什么因素导致先前的马在近世遭到灭绝呢？欧文教授很快就意识到，这颗牙齿虽然很像现生马的牙齿，但却属于一个已灭绝的物种。就算这种马仍然稀疏存在，也不会让博物学家感到些许惊讶，因为

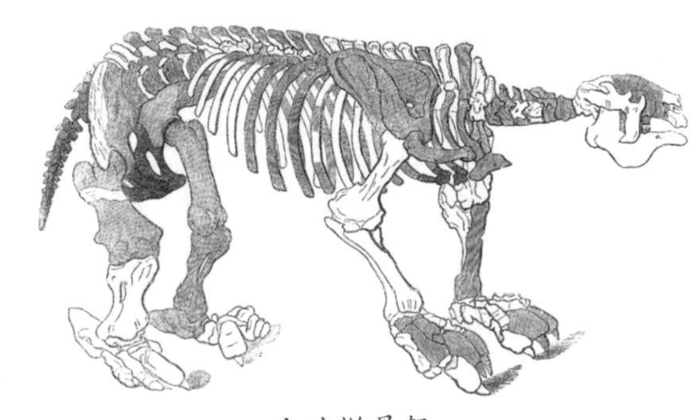

大地懒骨架

稀少是世界各地所有纲中许多物种普遍具有的属性。我们不知道什么样的不利条件导致了它们的稀疏、遏制了它们的增长。但是不利条件持续恶化，必将导致化石马日渐稀少，终至灭绝，让位于更成功的竞争者！

每种生物的增加都不断地受到未被觉察的致害因素的制约；这些未被察觉的因素也足以导致物种数量稀少以致最终灭绝。自然选择理论的基础是：每一个最终成为新物种的新变种都是因为在和其他物种的竞争中具有某些优势而产生的，而不被眷顾的物种则难逃灭绝的命运。在家养动植物中也是如此——随着一个新变种的持续改进，它会逐渐扩散到远近各地，取代别的品种的位置。于是，不论是人工造成的，还是天然导致的，新形态的产生和旧形态的灭亡总是如影随形。某些繁盛的群在一定时间内产生的新物种形态的数量，大概要多于消亡旧形态的数量，但是，自然界的物种数并没有发生无限的增长。或许我们可以认为，新形态的产生导致了相近数量的旧形态的灭绝。

菊石

软体动物门头足纲菊石亚纲动物的统称。已灭绝，生活时代为中奥陶纪至晚白垩纪。因表面通常具有类似菊花的线纹而得名。绝大多数菊石的壳体以胎壳为中心在一个平面内旋卷，少数壳体呈直壳、螺卷或其他不规则形状

近似形态之间的竞争通常最激烈。一个物种改良和修改的后代通常将导致其祖先种灭绝；如果从任何一个物种中兴起了许多新形态，则该物种最近的同类（即同属物种）将最容易发生灭绝。传衍自一个物种的几个新物种（即一个新属）将取代属于同一科的旧属。另一种情形是，属于某类群的一个新物种将能攫取另一不同类群的某物种的位置，导致其灭绝。如果从这个成功入侵者中产生出了许多近缘形态，

也就会有许多其他形态让出位置。

关于整科或整目生物看上去突然灭绝的现象（如古生代末期的三叶虫和第二纪末期的菊石），我们必须记住，前一章曾提到，在连续的地层组之间可能存在很长的时间间隔，这段时间也许会发生极其缓慢的灭绝。此外，当一个新类群的许多物种通过突然迁徙或异常快速的发展占据新地区时，它们将以相应快的速度剪灭共同具有某种劣性的土著近缘形态。

于是，在我看来，单个物种及整群物种的灭绝方式与自然选择理论非常符合。我们不必惊讶于灭绝现象，如果一定要惊讶的话，且让我们惊讶于自己的过度自信，自以为理解了每个物种赖以为生的复杂机缘。每个物种都倾向于过度增殖，而某些极少被我们觉察的制约因素总在发挥作用。一旦我们忘记了这些，整个自然经济体和其中的兴衰存亡就变得完全不可理解了。

# 论生命形态在世界范围内几乎同时变化

生命形态在世界范围内几乎同时变化！这一事实大概是古生物学中最惊人的发现。正因为这样，白垩纪地层能在世界上许多遥远的地方和气候迥异的地方被辨识出来，即使没有找到一片白垩矿碎片。因为在这些遥远地点，某些层的生物遗迹（及其存缺）与欧洲白垩纪地层的生命遗迹呈现了高度的相似性。在俄罗斯、西欧和北美的几个连续的古生代地层组中，有几位作者观察到，生命形态发生了类似的齐头并进。欧洲和北美洲的若干第三纪沉积也是这样。

不过，这些现象都与世界上遥远地方的海生生物相关。我们没有足够的数据判断，遥远地方的陆生生物和淡水生物是否也以齐头并进的方式发生变化。如果把大地懒、磨齿兽、长颈驼和箭齿兽从拉普拉

乳齿象

哺乳纲长鼻目与现生大象有血缘关系的大型动物，已灭绝。大小近乎现代中等的象，有乳突状臼齿

塔带到欧洲，而不说明它们的地质层位，可能没有人会推测，它们曾经与现生海贝共生过。不过，这些怪兽曾与乳齿象和马共生，所以至少可以推断，它们曾生存于晚第三纪的某个时期。

当我们说海生生物形态在世界范围内同时变化的时候，一定不要认为这种表达指的是以千年或十万年为单位的同时变化，或认为它有非常严格的地质学含义。如果将欧洲现生海生动物和欧洲更新世海生动物与南美洲或澳大利亚现生海生动物做比较，即使是最老练的博物学家也很难说出，是欧洲现生海生动物更像南半球的海生动物，还是欧洲更新世海生动物更像南半球的海生动物。同样，有几位观察家认为，美国现生物种与欧洲第三纪晚期物种之间的关系，比它们与欧洲现生物种之间的关系更接近。

几位值得尊敬的观察家认识到：全世界生命形态大变迁——物种的修改、灭绝和新生物的引入，绝不能仅仅归因于海流、气候或其他地方性和暂时性的原因，而是取决于支配整个动物界的普遍规律。

自然选择理论可以解释全世界生物形态并行演替的伟大事实。新物种是由某些方面优于旧形态的新变种的兴起而形成的；而那些早已占据某种优势的形态，因为必须要在更高层次取得胜利才能被保存和生存下来，所以自然而然地会经常兴起新变种或称雏形种。对于这一点，我们有占优势的植物作为明证——在原产地，这些植物最常见、分布最广、产生的新变种最多，也自然会拥有最佳的机会分布到更远，并在新地域兴起新的变种和物种。散布过程通常非常缓慢，取决于气候变化和地理变化，或者偶然的机会。但是，长远来看，优势形态一般会成功地实现分布。陆生生物在各个独立大陆之间的传播要慢于海生生物在连续的海洋中的传播。因此，我们应该可以期待发现，陆生生物并行演替的严格程度逊于海生生物。我们观察到的情况俨然正是如此。

从某地出发散布开来的优势物种，可能碰到更优势的物种，此时它们的胜利征程就告结束，甚至连生存也将终止。我们完全不清楚最适合优势新物种增殖的条件是什么，但我认为，许多个体因为有利的变异得到了更好的机会，在与既存形态发生激烈竞争时和散布到新地域时占据优势。世界上某块地域可能最适于新的陆生优势物种的形成，而另一块地域可能最适于海生优势物种的形成。如果两大块地域长期以来在环境上的有利程度相当，那么，当两地的生物遭遇时，战争将漫长而激烈，胜利者既有一块地域上的某些物种，也有另一块地域上的某些物种。但从长远来看，一旦决出胜负，优势物种将获得全面胜利，整群的劣势形态将倾向于缓慢消失。

于是，在我看来，同类形态在世界范围内并行演替（或者更宏观地说是同步演替）与从广泛分布和富有变化的优势物种中兴起新物种这一原则相符合。这样形成的新物种由于遗传优势先天优于亲种和其他物种，它们散布、变化、产生新物种，击败遗传了某些共同劣势的同类群近似种。于是，改进了的新类群散布遍全球，旧类群从世界上消失；兴亡两途的形态演替就在世界各地趋于同步了。

## 论灭绝物种之间及灭绝物种与现生物种之间的类缘关系

古今物种都落入一个巨大的自然系统之中，“传衍律”足以解释这一事实。根据一般规律，一种形态越古老，与现生形态的差别就越大。但是，所有化石生物都能归入现生生物群之中，或者归入这些生物群之间。毋庸置疑，已灭绝物种有助于填补现存属、科、目之间的宽大间隙。关于脊椎动物，伟大的古生物学家欧文用许多引人注目的插图说明，已灭绝动物是怎样落在现生动物群之间的。居维叶把反刍动物和厚皮动物归为哺乳动物中差别最大的两个目，但在欧文发现大量化石环节之后，他不得不改而把某些厚皮动物与反刍动物放到同一个亚目中。例如，他用猪和骆驼之间的精细级进，消除了两者之间看似存在的巨大差异。古生代无脊椎动物虽然隶属于与现生动物相同的目、科、属，但那个时候它们之间并不像现在这样界限分明。

人们普遍相信，形态越古老，就越容易以其某些特征把目前区别很大的类群联系起来。如果我们把古代爬行类和两栖类、古代鱼类、古代头足类、始新世哺乳类与同纲的近代成员相比较，就必须承认上述主张有一定真实性。

现在，让我们来看一看这几项事实和推论在多大程度上符合“伴有修改的传代理论”。假设第四章分枝图中带数字的字母代表各属，从各属分出的虚线代表物种，水平线代表连续的地层组，而最高水平线以下的形态都已灭绝。三个现存的属 $a^{14}$，$q^{14}$，$p^{14}$ 将形成一个小科。$b^{14}$ 和 $f^{14}$ 形成一个近缘科或亚科，而 $o^{14}$，$i^{14}$，$m^{14}$ 则形成第三个科。这三个科和从祖先型 A 分蘖衍生出来的几支灭绝的属，因为都从古代共祖那里继承了某些共性，将形成一个目。根据之前我们用该分枝图来阐明的性状分异原理，形态越近代，通常就越偏离古代祖先的模样。但是，我们绝不可以认为性状分异是必然的：在生存条件只发生轻微改变的情况下，一个物种很可能相应地也只发生轻微修改，在漫长的时期内保持总体特征不变，比如分枝图中的 $F^{14}$。

从这张分枝图中，我们可以看到，如果埋到连续地层组中的许多灭绝形态被发现位于地质序列下端的几点，那么最高水平线处的三个现存的科将变得不再泾渭分明。例如，如果 $a^{1}$，$a^{5}$，$a^{10}$，$f^{8}$，$m^{3}$，$m^{6}$，$m^{9}$ 各属被发掘出来，那么上述三科的联系就会变得非常紧密，大概要被统合成一个大科，近似于反刍动物和厚皮动物的情形。然而，反对已灭绝的属“性状上居中”从而将三科中的现生属联系在一起的人也有道理，因为“居中”并不是直接的，而是通过漫长、曲折的路线在许多差别很大的形态之间“居中”。如果在中间的某一条水平线（或地层组）上发现了许多灭绝的形态，例如在 VI 之上发现了许多灭绝的形态，而 VI 之下没有，这样只有左手边的两个科（即 $a^{14}$ 等和 $b^{14}$ 等）可以统合成一个大科。而留下的这两个科（即 $a^{14}$ 到 $f^{14}$ 中的五个属，以及 $o^{14}$ 到 $m^{14}$）将仍然保持区别，但要比化石发现以前更接近，它们之间性状有差别的项数要少一些。结果就是：古代已灭绝属的特征经常多多少少略微介于其修改了的后代之间，或者介于其旁系亲属之间。

自然界的情况远比分枝图描述的复杂。自然界类群数量更多，持续的时间天差地远，发生修改的程度亦各有不同。而我们所拥有的地质记录非常残破，所以一般情况下，我们没有理由期待通过填补自然系统的巨大间隔而把各个不同的科或目统合起来。只能期待那些在已知地质时期中曾发生过大量修改的类群，应该在较古的地层中彼此稍微接近些，所以古代成员彼此间在某些性状上的差别逊于同类群现生成员之间的差别。根据古生物学界提供的证据，通常情况正是如此。

在我看来，“伴有修改的传代理论”令人满意地解释了关于已灭绝形态之间，以及已灭绝形态与现生形态之间相互类缘关系的主要事实，而任何其他观点都完全不能解释这些事实。

根据同一理论，很明显，地球历史上任何一个大时期的动物群的总体特征将介于“其前”和“其后”动物群的总体特征之间。分枝图中生存在第六传衍阶段的物种既是生存在第五阶段的物种的后裔，又是修改更大的第七阶段物种的祖先；于是，它们在性状上将几乎总是落在上下生物形态之间。虽然某些属呈现了例外情况，但并未对上述观点构成真正的反对。例如，按照两种方法排列乳齿象和象：第一种按照它们的相互类缘性，第二种按照它们的生存时代，则这两种方法得到的顺序并不吻合。性状最极端的物种既非最老，也非最新；性状居中的物种在时间上并不居中。我们没有理由认为，后起形态也必然持续同样久的时间：一个十分古老的形态偶尔会比其他地方的后起形态持续时间更长，生存在隔离区域的陆生生物尤其如此。用同样的方法排列各种家鸽，也会得出类似的结论。

从居中地层得到的生物遗迹在某种程度上具有中间的性状。和这一论述紧密相关的事实是：两个相继地层组化石间的相似度要甚于两个远距地层组化石间的相似度。皮克泰给出了一个著名案例：白垩纪地层组的几个阶中的物种虽然不相同，但从总体上说，这几个阶的生物遗迹很相似。单单这个事实，因为具有普遍性，几乎动摇了皮克泰教授对物种不变的坚定信念。

从紧密相继的地层组中得到的化石遗骸，虽然被列为不同的物种，但却是近缘的，根据传衍律，其意义非常明显。因为每个地层组中的沉积经常被打断，并且因为相邻的各地层组之间其实有长时间的空白间断，所以，正如我在前一章中所阐述的，我们不能期待，在任何一个或两个地层组中发现，该地层组从发轫到收尾期间的物种的所有中间变种。但经过漫长的（但在地质意义上不算很长）间断期之后，我们应该能够发现紧密关联的形态。我们的确发现了有理由期待的证据！简言之，我们发现了表明物种形态发生缓慢而难以察觉的变化的证据。

# 论古老形态的发展状态

近代形态是否比古老形态发展程度更高？就某一特定意义而言，根据我的理论，晚近形态一定比较古形态更高等——因为每一个新物种的形成，都要靠在生存斗争中比先前的其他物种占有优势。在基本相似的气候下，如果把世界某地的始新世生物拿过来和同地或异地的现生生物进行竞争，则今者必定胜于古者。改进过程对晚近的优胜生物形态的作用肯定更显著、更可观，胜过对落败的古老生物形态的作用。从近年来欧洲生物散布到新西兰的非凡方式，我们可以相信：如果将大不列颠的所有动植物放生到新西兰，随着时间推移，大量英国物种将完全归化，并剪灭许多土著物种。但是，如果将所有新西兰生物放生到大不列颠，有多少物种能攫取现在被英国动植物占据的位置，则很值得怀疑。就此而言，可以说大不列颠生物比新西兰生物高等。但是，即使最熟练的博物学家也不能通过检视两地的物种预见到这个结果。

阿加西斯坚持认为，古老形态动物在某种程度上与同纲近代动物的胚胎相似，或者说已灭绝形态的地质演替在某种程度上与近代形态的胚胎发育相似。胚胎就好像自然界保留下来的一幅画，反映了每种动物在古代改进较少时的状态。这个信条与自然选择理论很相符，但远远没有得到证实。在未来某章，我将试图表明，在较晚龄期发生的变异，被遗传到了相应的龄期，从而使成体和它的胚胎之间产生了差别。这个过程虽然几乎未能使胚胎发生改变，但却在连续的世代中不断为成体增加越来越多的差异性。

## 第三纪末期同一地区相同类型的演替

许多年前，克利夫特先生表明，澳大利亚洞穴中的化石哺乳动物与该大陆现生有袋类非常类似。南美洲也存在相似的关系：在拉普拉塔的几处地点发现了类似犰狳甲的巨大片甲，即使未受过训练的肉眼也能从中观察到这种关系。欧文教授曾用最惊人的方式表明，在拉普拉塔埋藏的大量化石哺乳动物中有许多与南美洲类型相联系。这些事实深深打动了我，使我在 1839 年和 1845 年强烈主张这种“类型演替律”——“同一块大陆上灭绝物种和现生物种间存在奇妙的关系”。

犰狳

哺乳纲贫齿目犰狳科。上体两侧和四肢外侧常覆盖着骨板与鳞板，构成保护躯体的盔甲。盔甲由几列可动的横带分成前后两部，横带间由弹性皮肤连接，可将身体蜷缩成球状，以防御天敌侵害

后来欧文教授等人把同样的概括扩展到旧世界[①]的哺乳动物、新西兰已灭绝的巨鸟、巴西洞穴鸟类和海生贝类。

同一地区相同类型的这种显著的演替律意味着什么？在对比了澳大利亚目前的气候和南美洲同纬度部分的气候之后，绝对不能左右逢源地一方面用“非生物环境不同”来解释两大陆生物的差异性，另一方面用“条件类似”来解释第三纪末期每块大陆相同类型的一致性！也不能断言有袋类主要或者仅仅产在澳大利亚，贫齿类及其他美洲类型的生物只产在南美。欧洲远古时代就曾有数量众多的有袋类，美洲先前陆生哺乳动物的分布规律和现今的亦有差别。北美洲从前显著地带有这块大陆南半部分的特征，而南半部分从前也比目前更密切近似北半部分。同样，北印度哺乳动物在从前与非洲哺乳动物更相似。对于海生动物的分布，也可以举出类似的事实。

根据伴有修改的传代理论，同一地区相同类型长期持续、但并非不变地进行演替的伟大规律，立即得到解释，因为各地的生物显然倾向于在当地留下与自己近似而又有某种程度修改的后裔。另一方面，时间流逝和地理巨变允许大量迁移和优胜劣汰，于是在古今的分布规律上也就没有什么能一成不变了。

可能会有人用嘲弄的口吻问我，是否认为大地懒和其他近缘的大怪兽曾在南美洲留下了树懒、犰狳和食蚁兽等退化了的后裔。这是坚决不能承认的。这些巨兽已经完全灭绝了，没有留下后代。但是，巴西的洞穴内有许多已灭绝物种在尺寸和其他特征上与南美洲的现生物种密切近似，这些化石动物中有一些可能是现生物种的真实祖先。在衰落的目中，属和种的数目都在减少，俨然如南美洲贫齿类的情况，能留下修改后的嫡系后裔的属和种就更少了。

① 也称旧大陆，指哥伦布发现新大陆之前欧洲认识的世界，包括欧洲、亚洲和非洲。

## 根据地质记录得出的结论

地球历史上每个后继时代的生物都在生存竞赛中击败了它们的前辈，从而在自然等级上占据了更高的位置。这说明生物界整体上是进步了，许多古生物学家对此都有模糊的感受。如果未来可以证明，古代动物在某种程度上与近代同纲动物的胚胎类似，这个事实就可以理解了。同一地区在后续地质时代所发生的同型结构的演替，将不再陷于神秘之中，用遗传就能得到简明的解释。

如果地质记录如我认为的这样不完全，那么对自然选择理论的主要异议将大大削弱甚至消失。另一方面，古生物学的主要规律都清楚地表明，物种都是由普通的繁殖产生的：新的改进了的生命形态是由仍然在我们周遭起作用的变异律产生的，它们被自然选择保存下来，取代了旧形态。

# 第十一章

# 地理分布

上一章介绍了动植物在时间上的分布，本章将介绍动植物在空间上的分布规律。

上帝真的一次就创造了这些各有细微差异的物种，还是它们是进化而来的？大量事实能够被纳入一个简单的框架——每个物种源于同一产地的同一祖先，后来经过各种形式的迁徙、传播，并在新领地不断变异，才逐步衍变而来，即所谓的“单地起源说”。

达尔文认为大陆板块长久以来一直是以目前的状态存在着。而20世纪初魏格纳的“大陆漂移说”使我们认识到，在远古的地质时代，各大陆是连接在一起的。事实上，大陆漂移说确实解释了某些古老生物群的地理分布情况，但达尔文更关注距现在较近的那些演化时期，这样一来，他必须用各种散布方式来解释近似物种在空间分布上的不连续性。

达尔文通过实验证明，植物种子在海水中漂浮28天后仍有74%能发芽，从在人造海水中漂浮30天的鸽子嗉囊内取出的豌豆种子仍能萌发。但为什么生长在欧洲阿尔卑斯山或比利牛斯山雪区的很多种植物同样生长在欧洲的极北地区？为什么美洲植物与欧洲最高峰上的植物近乎一样？达尔文设想了一个缓缓而来而后又慢慢退去的冰期，环极地地区的物种先南进再北退，在北退过程中，一部分物种攀升到高山上从而避免了灭绝。无论上述解释是否正确，我们都为达尔文的这种不屈不挠的求索精神所折服。

## 生物分布的重大事实及其原因

在考虑地球表面的生物分布状况时，冲击我们头脑的第一项重大事实是：各地间生物的相似或者不同都不能归因于气候和其他非生物条件。新旧世界的许多地域环境非常相似，但两地生长的生物却体现出生物地理分布的最基本区分！

南纬 25 ～ 35 度之间的澳大利亚、南部非洲和南美洲西部的广阔陆地，各项条件都非常相似，但这三地的动植物群彼此差别之大，恐怕堪称“天下一绝”。南美洲 35 度纬线以南和 25 度以北，气候有很大差别，但两地生物之间的关系却很密切，远胜过它们与澳大利亚或非洲几乎相同气候条件下的生物的关系。关于海生生物，也能举出类似的实例。

冲击我们头脑的第二项重大事实是：阻碍自由迁徙的任何类型的障碍物，都与不同地区之间生物的区别有着紧密而重要的联系。从新旧世界几乎所有陆生生物的巨大区别之中，我们可以感受到这项重大事实（北极地区例外，那里诸大陆已几乎衔接上）。从同纬度但相隔辽远的澳大利亚、非洲和南美洲生物之间所具有的巨大差别中，也可以看到同样的事实。类似地，在绵延的高大山系两边、沙漠两侧甚至大河两边，都能找到不同的生物。

目光转向海洋，我们看到的是同样的规律。南美洲和中美洲的东西海岸栖息着非常不同的海洋动物群（几乎没有一种鱼类、贝类或蟹类为两地所共有），差别之大堪称世界之最，但这两大不同的动物群之间只隔着狭窄却难以逾越的巴拿马地峡。美洲海岸西侧是一片开阔的大洋，没有一座岛屿可供迁徙者歇脚，这是另一种类型的障碍。越过这里之后，即是分布着完全不同的另一种动物群的太平洋东部诸岛。这三个海洋动物群从南方延伸到遥远的北方，彼此相隔不远、气候相当；但是因为隔着难以逾越的障碍（大陆或大洋），所以彼此完全不同。相反，从热带太平洋东部诸岛再向西行，我们不再遇到难以逾越的障碍，而是有了无数可供落脚停留的岛屿，直到越过一个半球，到达非洲之滨。在这片广阔区域，我们不会碰到截然不同的海洋动物群。在美洲大陆的东、西两岸和太平洋东部诸岛三个相距不远的动物群中，几乎没有一种贝类、蟹类或鱼类是一样的；而太平洋和印度洋却共有许多鱼类，几乎位于地球表面正相反两侧的太平洋东部诸岛和非洲东岸共有许多贝类。

第三项重大事实，部分包含于上面的叙述之中，即同一大陆或同一海洋的物产具有类缘关系，但不同地点的物种并不相同。这是一条最普遍的法则，例证比比皆是。当博物学家旅行的时候，比如从北向南走，肯定会注意到所具物种不同但有明显联系的生物群的相互更替——一种取代另一种。他能见到类缘关系很近但在各方面略有差别的鸟。麦哲伦海峡附近平原和北方的拉普拉塔平原各生活着一种美洲鸵，但并不出产见于同纬度下非洲和澳大利亚的真正鸵鸟或鸸鹋。

美洲鸵

美洲鸵鸟目美洲鸵鸟科美洲鸵鸟属的一种，又称大美洲鸵。分布于南美洲，为美洲最大鸟类。腿强大，不会飞，脚上有3个向前的趾。食性很杂，以植物茎、叶、果实为主，也吃昆虫、软体动物等

同样在拉普拉塔平原，我们看到了刺豚鼠和绒鼠，这两种动物与野兔和家兔的习性几乎相同，都属于啮齿目，但明显地具有美洲类型的结构。我们攀到科迪勒拉山系的高峰，看到绒鼠的一个高山种；我们俯瞰水面，虽然找不到河狸和麝鼠，却能看到河狸鼠和水豚（南美洲模式的啮齿动物）。还可以举出无数其他例子。如果观察美洲的近海岛屿，不论地质构造多么不同，岛上生物总是具有美洲特质，哪怕它们都属于特殊物种。正如前一章所述，回顾过去年代，我们发现美洲类型的生物那时就已繁盛于美洲大陆与沿海。从这些事实之中我们可以看到，某种深层的有机纽带跨越时间和空间，贯穿于同一块陆地和水域，但与动植物所处的非生物条件无关。这种纽带是什么呢？

水豚

啮齿目水豚科水豚属，因体形似猪且水性好得名。体粗笨，头大，颈短，尾短，耳小而圆，眼的位置较接近顶部，鼻吻部异常膨大，末端粗钝

按照我的理论，这种纽带就是遗传而已。仅遗传这个原因就能产生非常相似的生物，或者产生像在变种中见到的那样近乎一样的生物。而不同地区生物之间的差异，可以归因于自然选择导致的修改和非生物环境的直接影响，后者很次要。差异的大小将取决于优势形态在或长或短的时间里从一地迁移到另一地的难易、先前移入者的性质和数量，以及最重要的是，生物与生物之间的各种关系！分布广泛的物种丁口兴旺，已经在广大原住地战胜了许多竞争者，当它们散布到新领地时，便具有攫取新位置的最佳机会。在新住地要面临新的环境条件，它们往往会发生进一步的修改和改良，从胜利走向更大的胜利，产生成群修改了的后裔。

正如前一章所述，我认为没有必然的发展法则。因为每个物种的变异都是独立的属性，只有变异在复杂的生存斗争中对个体有利的时候，它才能被自然选择加以利用。所以，不同物种的修改程度并不均一。各项原理只有在生物彼此间产生新的关系，或者生物同周围非生物环境产生新的关系时，才会发挥作用。正如我们在前一章看到的，某些形态自远古以来，基本保持了同样的特征；与此类似，某些物种越过辽阔的地域，却没有发生大的改变。

根据这些观点，很显然，同属的若干物种虽然生长在相隔最远的世界各地，但因为传自同一祖先，所以起源地也必定相同。就那些历经整个地质时期而变化很小的物种而言，不难理解它们“系出同乡”，因为在远古以来发生的地理变迁和气候变迁中，任何距离的迁徙都是有可能的。但在其他许多情况下，我们有理由认为，一个属的若干物种产生时间相对晚近，这种情况下就很难相信“同地起源”了。同样明显的是，同一物种的个体虽然目前生长在遥远而隔离的各地，但必定系出同一个祖地——双亲最初产生的地方，因为在前一章已经解释过，通过自然选择不可能从不同的物种产生完全相同的个体。

于是，我们就会面临博物学家们广泛探讨的问题——物种是在一个地点被创造的，还是在多个地点被创造的？无疑，有很多实例令我们难以理解，同一物种怎样从一个地点迁移到几处遥远而隔离的“现行住址”；然而，每个物种首先产生于一个地方的简单观点令人心向神往，拒绝这个观点就是拒绝“普通传代以及随后迁徙”这个真实原因而诉诸神迹的力量。人们普遍承认，大多数情况下，某个物种所生存的地区都是连续的；同一种植物或动物生存在间隔甚远或不易跨越的两个地区的情况被认为是例外。与其他生物相比，陆生哺乳动物跨海迁居的能力显然非常有限，相应地，我们没有发现同种哺乳动物各自生存在遥远的世界各地这种难以解释的情况。大不列颠曾经与欧洲大陆相连，从而具有相同的四足动物。如果同一物种能在隔离的两地产生，为什么找不到一种欧洲、澳大利亚或南美洲共有的哺乳类动物呢？这三地生存条件几乎一样，以至于大量欧洲动植物在美洲和澳大利亚实现了归化；而且，三地有若干土著植物是完全一样的。我认为原因就在于，哺乳动物不能迁居，而某些植物却借由不同的散布方式跨过广大而隔断的空间实现了迁居。只有承认大多数物种产生于障碍物的一边并且未能迁居到另一边，才能解释各种障碍对动植物分布的显著影响。少数几个科、许多亚科、非常多属、更多的属的派，都局限于某个单一地区。有几位博物学家观察到，最自然的属（即其中物种密切相关的属）总是局限于某个地区。如果在分类系统中下降一个层级，到了同一物种诸个体的水平，却是完全相反的规律在发挥作用，即物种不是地方性的，而是在两个或更多地区产生的，这将多么令人不可思议啊！

于是，我和许多博物学家认为：每个物种都是在一个地区单独产生的，之后迁到迁徙能力和古今生存条件所允许的尽可能远的地区。这是最可能的情况。无疑，我们尚不能一一解释所有这些同一物种目前生活在相隔遥远的不同地点的例外情况，但我将讨论以下几类最惊人的事实：第一、同样的物种生存于相隔遥远的山巅和南北极的遥远地点；第二、淡水物产分布广泛；第三、在相隔数百英里开阔海面的岛屿和大陆上出现了相同的陆生物种。如果同一物种生存在地球表面相距遥远且孤立的地点当中的大多数情况能用每个物种从单一产地迁居而来的观点进行解释，那么考虑到我们对之前的气候变化、地理变化以及各种偶然的运输方式非常无知，把“单地起源”的信念当成普遍规律在我看来是无比妥当的。

在两处地点大多数物种紧密相关或同属的情况下，如果能够表明两地之间曾经发生移民，那么我的理论就会得到加强。因为根据修改的原理，我们能够清楚地理解，为什么一个地区的生物会和另一个地区的生物有联系——那正是它的祖地。例如，一座隆起于距大陆几百英里的火山岛，可能在时间长河中接受了来自大陆的“殖民者”，这些“殖民者”的后代虽然发生了改变，却仍然因为遗传而和大陆生物有着明显的联系。这类例子很普遍，并且无法用分别创造的理论来解释。两地生物有联系的观点和最近华莱士先生在一篇独到论文中提出的观点相差无几。他在文中断言：“每一个物种的存在都在空间上和时间上与先前存在的近似种相一致。”我从书信中得知，他把这种一致归因于“有修改的传代”。

以上对单个或多个创造中心的论述，并不能直接回答另一个类似的问题——同一物种的所有个体都是从同一对配偶，或同一个雌雄同体的个体传下来的，还是像某些作者认为的那样，是从同时被创造出来的许多个体传下来的？根据我的理论，从不互交的物种（如果真的存在）必定是从连续改进的变种传衍下来的，这些变种从不和其他个体或变种混合，只会相互取代，于是在修改和改良的每一阶段，每一个变种的所有个体都传衍自同一祖先。但是，在大多数情况（即生物每次生殖都要进行交配或者经常互交的情况）下，我相信在缓慢的修改过程中，物种的诸个体会因互交而保持基本一致，这样，许多个体将同时发生变化，所以不能把每一阶段的修改总量归因于传自某个单一亲本。例如，英国赛马和其他马种都略有不同，但这种独特性和优越性并不来自任何一对亲本，而是来自许多世代中对许多个体连续进行仔细的选择和训练。

## 散布的方式

在探讨对“单一创造中心”构成最大困难的三类事实之前，我必须就散布的方式说几句；赖尔爵士和其他作者曾在这方面进行过卓越的研究，下面我简要摘录一些较重要的事实。

气候变化必定曾强烈影响过生物的迁移：一个地区以前可能是生物迁移的通途，但现在因为气候变化而被阻断。地势升降变化也一定曾有过重要影响：一个狭窄地峡隔开两个海洋动物群，如果地峡沉没，两群动物就会混合。现在是海洋的地方，在以前可能有陆地把岛屿甚至大陆连接起来，允许陆生生物从一地跑到另一地。地质学家们一致认为，在现生生物存在期间，地平面曾发生过巨大的升降变化。有学者坚持，大西洋上的所有岛屿近期都曾和欧洲或非洲连接起来过，欧洲也曾和美洲相连。其他一些作者因此而设想，每片海洋上都曾有“桥梁”将几乎每一座岛屿与大陆相连。这种观点好像快刀斩乱麻一样，解决了同一物种分隔在天涯海角的问题，使很多难点迎刃而解。但是，在我看来，生物分布中有几项事实——如几乎每块大陆两侧的海洋动物群之间都有巨大的不同，几块大陆甚至海洋的第三纪生物与它们目前的生物具有密切关系，哺乳动物分布和海深具有某种程度的关系等——反驳了近期曾发生过重大地理变迁的观点。海洋岛几乎普遍为火山性组成，以及岛上生物的性质和相对比例，同样反对“它们是沉没大陆的遗迹”或者“它们以前曾经和大陆相连”的信条。如果它们曾经是大陆上的山脉，至少有些岛屿上的岩石会像山峰一样，由花岗岩、变质片岩、老的含化石岩或其他此类岩石构成，而不是仅由火山物质构成。我承认，先前存在过的许多可作为动植物迁移中转站的岛屿现在已经没入海中。我认为，在生长着珊瑚的海洋里，已沉没岛屿被现今立于其上的环礁所标志。我相信总有一天，人们会承认，每个物种都是从单一的出生地发展而来的；随着时间的推移，当我们确切了解到散布方式时，就能稳妥地推测出陆地从前的分布范围。

花岗岩

在地壳中分布最广泛的侵入岩，化学成分的特点是 $SiO_2$ 含量高。颜色较浅，多为肉红色、浅灰色、灰白色。花岗岩的语源是拉丁文的 granum，意思是谷粒或颗粒

现在我必须就所谓的“意外方式”说几句。“意外方式”应该更恰当地被称为“偶然的散布方式”。这里我只说植物的情况。植物跨海传播的难易程度几乎不为人知。通过实验，我惊讶地发现，87 种植物种子经过 28 天的漂浮，有 64 种能发芽，有几种种子漂浮 137 天后还能发芽。我发现没有蒴或果肉的小种子几天后就会沉下去，因而不能漂过宽广的海洋。某些大果子、蒴果[①]等能长时间漂浮。洪水也许会把植物或树枝冲下来，这些植物或树枝在岸上风干，然后又被泛滥的河水冲入大海。成熟的榛子很快下沉，但干燥后却能漂浮 90 天之久，之后经过种植还能发芽。

蒴果开裂

① 干果中裂果的一种，是由复雌蕊发育成的果实，成熟时有各种裂开的方式，如背裂、孔裂、腹裂、齿裂、盖裂等。

几支大西洋海流的平均速度是每天 33 英里，某些海流速度高达每天 60 英里。按照平均速度计算，一个地方的种子或许可以漂过 924 英里的海面抵达另一个地方，搁浅之后，它们可能会被风吹到一个适宜的地点，在那里也许会萌发。

不过，种子偶尔也能由另一种方式传播。漂浮的木材经常被冲到岛屿上，甚至被冲上广阔大洋的中心岛屿。太平洋珊瑚岛上的土著用于制作工具的石子全部来自漂浮树木的根部。我通过观察发现，形状不规则的石头嵌入树根中，紧紧夹住小块土壤，历经长途运输也不会被冲掉哪怕一点儿。从被一株 50 年生橡树根部完全包住的一小块泥土中萌发了三种双子叶植物。鸟尸漂浮在海上的时候，有时会逃脱立即被吞食的命运，而鸟尸嗉囊内有很多种类的种子，很久还能保持生命力。例如，豌豆种子浸在海水中不几天就会被杀死，但令我惊讶的是，从在人造海水中漂浮 30 天的鸽子嗉囊内取出的豌豆种子却几乎都萌发了。

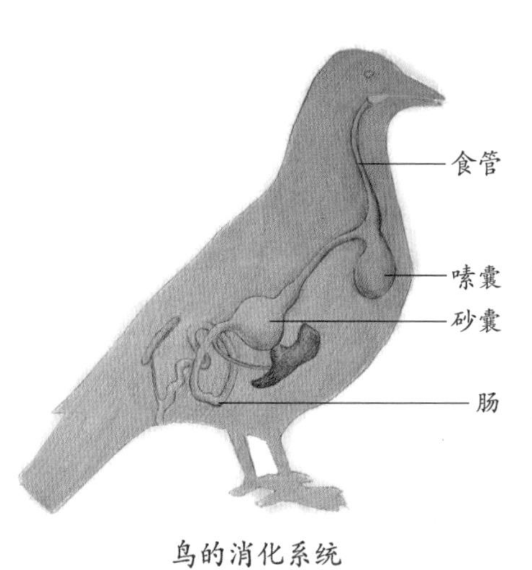

鸟的消化系统

活鸟不失为高效的播种机。许多种类的鸟经常被强风吹得飞渡重洋，此时鸟的飞行速度通常是每小时 35 英里甚至更高。虽然养分丰富的种子通常会被鸟肠消化，但坚果种子甚至能通过火鸡的消化器官而不受损害。在两个月的时间里，我在自己园圃的小鸟粪中挑出 12 种看上去完好的种子，其中有些还能发芽。鸟的嗉囊不分泌胃液，因此不会损害种子的发芽能力。在发现一只鸟吞食了大量食物之后，可以断定，这些食粒在 12 小时甚或 18 小时内不会进到砂囊[1]里。

---

① 即鸟的肌胃，内含小砂粒，作用类似牙齿，用以磨碎食物。

在此期间，鸟很容易被风吹到500英里以外的地方。鹰寻得倦鸟，撕开它们的嗉囊，其中的种子很自然地散布出去。有些鹰和猫头鹰整个吞下猎物，经过12 ~ 20小时吐出小团残渣。动物园做过这样的试验。我从动物园的试验中了解到，这种残渣包含具有发芽能力的种子。淡水鱼吞食许多陆生和水生植物的种子，而鱼经常被鸟类所食，这样，种子就能够从一地传播到另一地。鸟喙和鸟爪有时也会粘有泥土，而几乎所有地方的泥土都带有种子，或许种子偶尔能被带到很远的地方。

如我们所知，有时冰山会载有泥土和石头，甚至会挟带树枝、骨头和陆生鸟的巢；我不怀疑赖尔提出的观点，即在南极或北极地区，冰山一定会偶然把种子从一地传播到另一地；在冰期，这种传播会发生在目前已是温带的地区之间。同其他靠近大陆的海洋岛相比，亚速尔群岛有许多植物物种与欧洲相同，并且该群岛的植物群比所在纬度更具有北方特性。由此我推测，这些海中岛屿上的种子是冰期时由冰带来的，这些岛屿上存在异地漂砾支持了我的这一推断。

考虑上述几种传播方式，以及另外一些有待发现的传播方式，年复一年地发挥作用，经过了成千上万年。我想，如果许多植物没有因此而得到广泛传播的话，那才是一桩怪事！这些传播方式有时被称为偶然，但严格来讲并不正确：海流不是偶然的、盛行风的风向也不是偶然的。上述某些方式足以使种子偶尔传播到几百英里海域之外，但不能胜任在相隔遥远的大陆之间进行传播；因此，各大陆的植物群尚不至于发生大规模混合，而是会像现在这样保持区别。海流因其路线，永远不能把种子从北美洲带到不列颠，但有可能从西印度群岛带到不列颠西海岸，而且后一种情况确实发生了。“迷途之鸟传播种子”是一种稀罕事件，但在漫长的地质时间内，终将有偶然抵达异地的种子发芽和存活下来。

## 在冰期时的散布

相互之间隔着数百英里低地的高山顶上生长着许多相同的动植物，而高山种不可能在低地生存，这是已知的同一物种生活在遥远的诸地点，却显然不可能彼此迁移的最惊人的例子。生长在阿尔卑斯山或比利牛斯山雪区的很多种植物同样生长在欧洲的极北地区。更惊人的事实是，美国怀特山和加拿大拉布拉多生长着同样的植物，这些植物与欧洲最高峰上的植物近乎一样。甚至早在1747年，这类事实就促使格梅林得出结论，同一物种必然是在几个不同地点被分别创造出来的。如果不是阿加西斯等人唤起我们对冰期的注意，我们大概还要继续误信“分别创造”的观点。下面我们要说明，冰期能为这些事实提供简明的解释。几乎每一种可以想到的证据都证明，在距今很近的地质时期，中欧和北美处于北极气候之下。苏格兰和威尔士的山脉用侧面的刮痕、磨光的表面和高置的漂砾表明，其山谷在不久前曾被冰川充填。欧洲气候变化很大，如今在意大利北部古代冰川遗留下来的巨大冰碛[①]上，已经长满了葡萄和玉米。遍布于美国大片地区的漂砾以及被漂流的冰山和沿岸冰划刻的岩石，明显揭示那里曾经历过一个寒冷时期。

古代冰川对欧洲生物分布的影响已经被爱德华·福布斯解释得非常明白。请设想一个新冰期像以前的冰期一样缓缓而来，然后慢慢退去。

① 指冰川搬运和堆积的石块和碎屑物质。冰碛物的组成主要是泥、沙、砾。在基岩为页岩、石灰岩的区域，冰碛物中富含黏土；而在花岗岩、石灰岩区域，其组成则以沙、砾居多。

当严寒初临，稍南方的地区变得更适合北极生物生存时，从前生活在南方的温带物种就会被北极种取代。同时，温带地区的物种将南移，直到被障碍所阻而灭亡。山脉将覆盖冰雪，曾经的高山生物将降至平原。当寒冷达到极点时，清一色的北极动物群和植物群将分布于欧洲中部南至阿尔卑斯山和比利牛斯山的区域，甚至突入西班牙。当时美国的状况与欧洲基本相同。

随着温度回暖，北极种将北退，紧跟着后退的是温带地区的生物。随着雪从山脚下开始向上消融，另一些北极种将攫取冰消雪融后的干净土地——当同胞随着气候变暖逐北而行的时候，它们自己却在不断地向上攀升。于是，当气候完全回暖时，不久前曾在新旧世界的低地上一同生活的北极种，将或者留在相距遥远的山顶上（在低地已经灭绝），或者退至北极地区。

这样，我们就能理解，为什么在美国和欧洲相距遥远的高山上有这么多相同的植物，以及为什么每座山脉上的高山植物都和其正北方或近乎正北方的北极形态有更特别的关系——因为寒冷降临时的南迁和回暖时的北归，总是向着正南和正北。例如，苏格兰和比利牛斯山的高山植物，与斯堪的纳维亚北部的植物尤其近缘；美国植物和拉布拉多植物的关系、西伯利亚高山植物和西伯利亚北极地区植物的关系也是如此。

北极形态在南迁和北归的漫长过程中都处于几乎相同的气候之下。特别需要注意的是，它们是集体迁徙，因而相互之间的关系不会受到大的扰动，根据本书反复强调的原理，它们也不易发生大的修改。然而，从回暖的时刻开始，高山生物即被隔离了，先是在山脚下，最终攀到山顶，因而它们的情况有些不同：因为留在相距遥远的山上并且幸存至今的北极种不太可能完全相同，并且它们极有可能与当地的古代高山物种相混生。古代高山物种在冰期开始之前就已存于高山上，在最冷的时候将暂时被驱至平原，还会受到多少有些不同的气候的影响。这样，它们的相互关系就会受到扰动，因而容易发生改变。我们发现实际情况正是如此——就拿目前欧洲几大山脉上的高山动植物来说，虽然许多物种还是相同的，但某些已出现变种，某些被列为争议形态，少数成为近似或类似但不同的物种。

上述关于生物分布的论述不仅适用于严格的北极形态，也适用于亚北极种及少数北温带种。那么，我该怎么解释冰期开始时全世界亚北极种和北温带种所需具有的一致性呢？目前，新旧世界的亚北极生物和北温带生物被大西洋和太平洋北端隔开。冰期时，新旧世界的生物生活在比现在更靠南的地方，隔开它们的大洋更宽。我们有充足的理由相信，在新上新世，冰期还没有开始，那时世界上大多数物种与现在相同，但气候比现在暖和。因此，我们可以假设：目前生活在 60 度纬线气候下的生物在上新世时生活在极圈下更靠北的位置——纬度 66 ~ 67 度处；而严格的北极种则生活在更靠近北极的不连续陆地上。现在极圈中从西欧穿过西伯利亚到美洲东部的陆地几乎是连续的，环极地区域的连续性使生物在较适宜的气候下自由迁徙，于是就可以理解，新旧世界的亚北极种和北温带种在冰期之前具备必要的一致性。

我强烈地倾向于扩展上述观点，推测在某些更早和更暖的时期，如老上新世，生活在连续的环极地区域的动植物普遍相同。远在冰期开始之前，气候逐渐变冷，新旧世界的动植物开始缓慢南迁。我认为，目前我们在欧洲中部和美国见到的大多是它们已经过修改的子裔。根据这个观点，我们就能理解为什么北美洲生物和欧洲生物很少会相同——考虑到两地之间的距离和隔着大西洋，这种关系很值得注意。我们还可以进一步理解几位观察家提到的奇异现象——第三纪晚期欧洲生物和美洲生物之间的关系比现在更密切。因为在早先的温暖时期，新旧世界北部基本上被连续的陆地所连接，可以作为各地生物互相迁徙的桥梁，后来这种桥梁被寒冷的气候阻断了。

在上新世，气候逐渐变冷，新旧世界共有的物种从极圈向南迁移，它们彼此间的联系必将被完全切断。就温带物种而言，这种隔离早就发生了。当这些动植物南迁时，将会在一大片广阔区域与美洲土著生物发生混合，而且势必发生竞争。而在另一个大区，它们则要和旧世界的生物展开竞争。其后果是，这些地方具备了有利于大幅修改的一切条件，修改量远大于离现在很近时期遗留在新旧世界若干山脉和北极的高山物种。因此，当我们对比新旧世界温带区域的现生物种时，几乎找不到相同物种；但发现每一大纲下都有许多形态被某些博物学家列为地理宗，却被另一些博物学家列为不同的物种，还有大量近似或类似形态被博物学家一致公认为不同的物种。

海洋中的情况与陆地上一样。海生动物群在上新世或者更早期几乎一致地沿着北极圈处的连续海岸缓慢南迁；利用“伴有修改的传代理论”即可解释，为什么许多近似形态现在生活在完全隔离的诸地。这样，我们就能够理解，为什么在北美洲东西海岸的温带部分存在许多生存至今的第三纪代表形态。还能解释一个更惊人的现象——地中海和日本海中栖息着许多近似的甲壳类、某些鱼类和其他海生动物，目前这两片海域被一块大陆和宽度几近半个地球的赤道海隔开。

创造论无法解释分隔海域的生物之间，以及北美和欧洲温带地区古今生物之间，有关系却不完全一致的情况。不能说它们被造得很相像是因为这些地区的非生物条件相似——假如我们将南美洲的某些区域与旧世界的南方大陆进行比较，就会发现，在所有非生物条件都酷似的地方，生物却迥然不同。

我们必须回到更直接的主题——冰期。我确信，福布斯的观点可以大大扩展。在欧洲，从不列颠西岸到乌拉尔山脉，南至比利牛斯山的地区，都能看到寒冷时代存在过的明显证据。根据冰冻的哺乳动物和高山植被的性质，我们可以推测，西伯利亚也遭受过类似的影响。沿喜马拉雅山，在相隔 900 英里的诸地，冰川留下了从前下泻的痕迹。在锡金，胡克博士看到，玉米生长在巨大的古冰碛上。在赤道以南，我们有新西兰曾发生过冰川作用的直接证据；相同植物生长在该岛相距遥远的山脉上，也说明了同样的问题。如果一篇已发表的报告内容属实，我们就有了澳大利亚东南角曾发生过冰川作用的直接证据。

在北美大陆东侧，曾被冰携带的岩石碎块向南延伸到 36 ~ 37 度纬线，在气候已大变的太平洋沿岸，向南延伸到 46 度，落基山脉也有漂砾存在。在南美科迪勒拉山脉近赤道部分，冰川曾经远远地垂延于目前水平之下。在智利中部，我惊讶地发现，一块远远低于任何现存冰川的巨大冰碛横跨于安第斯山的一座山谷。沿着南美大陆继续向南，从 41 度纬线直到大陆最南端，我们看到了冰川活动过的最明显证据——从遥远的母岩漂流到这里的巨大漂砾。

我们有充足的证据表明，冰期发生于最近的地质时期，并且在每个地点都持续了很长时间。冰期在各地降临和终止的时间可能有早有晚，但从地质意义上来讲是同时的，在我看来，至少全球会在冰期的一部分时间保持同步。我们可以认为，在北美洲的东西两侧、在科迪勒拉山脉位于赤道和较暖温带的部分以及在美洲大陆最南端的两侧，冰川的作用可能是同时的。如果承认这个观点，就会不可避免地接受全球在这个时期同时降温的结论。事实上，只要温度曾在某些宽的经度带上同时下降，对于我的论证就已足够。

目前相同物种和近似物种的分布问题，在很大程度上可以用全球

（或至少在某些宽的经度带上）从北极到南极同时变冷的观点来解释。胡克博士已经表明，虽然位于南美最南端的火地岛与欧洲相距遥远，但在火地岛稀少的植物群中竟有 40 ～ 50 种有花植物和欧洲的相同，此外两地还有很多近似种。在赤道美洲的高山上，生活着许多属于欧洲属的独特物种。在巴西的最高山脉，加德纳发现了少数几个欧洲属物种，但这些物种不见于中间广袤的炎热地区。在加拉加斯的西拉山，著名的洪堡早就发现有些物种属于科迪勒拉所特有的属。在阿比西尼亚（现称埃塞俄比亚）的山上，生长着几种欧洲形态和少数带有好望角特征的植物。在好望角，有极少数欧洲物种据信不是人为引入的，在山上还发现了一些与欧洲形态类似的物种，这些物种不见于非洲的热带地区。在喜马拉雅山、印度半岛的孤立山脉、锡兰（现称斯里兰卡）高地以及爪哇岛的火山锥上，有许多或者完全一样，或者彼此类似的植物，同时也类似于欧洲的植物，而且不见于中间的热带低地。在爪哇岛高山上收集到的一系列属，竟构成了欧洲山地类属的一个缩影！更惊人的是，生长在婆罗洲（现称加里曼丹岛）高山顶上的植物明显带有南澳大利亚物种的特征，听胡克博士说，南澳某些形态沿马六甲半岛的高地向上延伸，一路稀稀疏疏抵达印度，另一路北上直到日本。

在澳大利亚南部山脉和低地，米勒博士发现了几个欧洲物种。胡克博士告诉我，可以把见于澳大利亚但不见于中间炎热地区的欧洲植物属列一个长长的清单，他还就新西兰大岛上的植物举出过类似的惊人例子。我们看到，在世界范围内，生长在热带较高山脉上的植物有时与生长在南北半球温带低地上的植物完全一样，不过最常发生的情况是，物种不同但彼此间有非常密切的类缘关系。

在陆生动物的分布方面能举出一些严格类似的例子，海生物种也是如此。最高权威达纳教授曾评论："新西兰和大不列颠处于地球上正好相反的位置，但两地的甲壳类竟非常相似，胜过与任何其他地方的关系！”理查森爵士也指出，新西兰、塔斯马尼亚等地有北方形态的鱼类。胡克博士告诉我，新西兰与欧洲有 25 种藻类相同，但这些藻类不见于两地之间的热带海洋。

应该注意到，见于南半球南部和热带地区山脉上的北方物种和形态并不是北极种，而是北温带生物。正像沃森先生最近指出的：“在从北极退向赤道的过程中，高山植物群或山地植物群变得越来越缺乏北极特色。”许多生活在温暖地带高山上和南半球的形态，在分类学上等级不明，被某些博物学家列为不同的物种，却被另一些博物学家列为变种；但有一些确实是相同的物种，另外有很多物种与北方形态密切相关，但必须被列为不同的物种。

让我们看一看上述事实是如何通过同时发生在全球或至少很大一片地区的冰期得到解释的。漫长的冰期提供了充足的时间让生物发生任何程度的迁徙。当严寒缓慢降临时，所有热带植物及其他物产就会从两侧向赤道撤退，温带生物和北极生物随之而来，为其殿军。热带植物很可能遭到大量灭绝，灭绝程度很难说清，也许以前热带地区的物种数与现在拥挤在好望角或澳大利亚温带区域的物种数一样多。据我们所知，许多热带动植物能忍受相当程度的寒冷，在缓慢降温的条件下或许能逃脱灭绝的命运，尤其是可以逃到最温暖的地点而不至灭绝。所有热带生物都在某种程度上遭了殃。另一方面，温带生物在迁徙到靠近赤道的区域之后，虽然被置于新环境之下，但受灾较轻。于是，某些比较强健和占优势的温带形态就有可能突破土著生物的防线，抵达赤道甚至越过赤道。这种入侵极大地得益于高地的帮助。看似喜马拉雅山西北坡和科迪勒拉山系是两条重要的入侵路线。最近，胡克博士告诉我一个惊人的事实，火地岛和欧洲共有有花植物总计 46 种，这些植物在北美仍然存在，它们一定位于进军路线之上。但是，我不怀疑，在最冷的时候，某些温带生物甚至进入并越过了热带低地——那时，北极种从它们的原生地越过约 25 度的纬度带，覆盖至比利牛斯山的山脚。我认为，在最冷的时候，赤道地区海面高度的气候大概相当于目前该地海拔六七千英尺处的气候，我猜测那时在热带区域的大片低地上覆盖着热带和温带混生的植被，就像目前繁盛于喜马拉雅山麓的植被一样。

因此，我认为，有相当数量的植物、少数陆生动物以及某些海生生物，在冰期的时候从南北温带迁入热带，甚至越过赤道。随着气候回暖，这些温带形态自然会在低地绝迹而攀上高山。没有抵达赤道的形态将会北归或南返，回归原生地。但越过赤道的形态（主要来自北方）将继续前进，远离家乡进入相反半球的温带区域。那些在热带山脉上定居和进入南半球的入侵形态，被陌生物种所包围，被迫和许多没有遇到过的生命形态展开竞争，如果出现结构、习性和体质上的修改，可能会对它们有利。于是，许多流浪者，虽然因为遗传的关系仍与留在北半球或南半球的同胞明显相关，却在新家成为显著的变种或不同的物种。

胡克和德堪多认为，大多数相同的植物和近缘形态明显为向南迁移，而非向北迁移。当然，我们也看到过有少数几种南方植物生长在婆罗洲和阿比西尼亚的山脉上。我猜测，从北方向南方迁移占优势是因为北方的陆地更广阔，而且北方形态在原生地数量更多，从而通过物竞天择所发生的进步胜过南方形态。于是，当冰期中两者发生混合的时候，北方形态能够打败比较弱小的南方形态。在热带高山上，想必发生过类似事件——这些山脉在冰期之前无疑已布满本地特有高山形态，但是，在几乎所有地方，这些本地形态都在很大程度上让位于由北方大区更高效的物种工厂制造的优势形态。在许多岛屿上，土著生物的数量已与归化生物的数量持平甚至被超越。即使土著物种尚未灭绝，其数量也已大为减少，而稀少是走向灭绝的第一步。山脉是陆地上的岛屿，在冰期开始之前，热带山脉之间一定是完全隔离的。我认为，“陆上岛屿”的物产让位于北方大区的物产，就如同真正海岛上的物产最近被人为引进的大陆形态彻底打败一样。

对于生活在南北温带和热带山脉上的近似物种的分布区与类缘关系，尚有许多难题有待解决。我只想说，就相同物种出现在相隔渺远的诸地（如凯尔盖朗岛、新西兰和火地岛）来说，我相信，在冰期快结束时，冰山对物种的散布起着很大的作用。但是，有几个属于南方特有属的独特物种，分布在南半球的这几个及其他相隔遥远的地点，使“伴有修改的传代理论”遇到了极大的困难——因为这些物种中有一些相当独特，我们不能假设，自冰期开始以来它们有足够的时间迁徙，然后发生这么大程度的修改。我认为，这些事实表明，独特物种曾经从某个中心点呈放射状向外迁徙。我倾向于认为：与北半球一样，在冰期开始之前，南半球也曾有过较暖的时期，当时南极大陆上生长着一群与世隔绝的独特植物。我猜测在冰期毁灭这个植物群之前，少数形态凭借偶然的传播方式，以及凭借当时的岛屿（现在已沉没）作歇脚点，或许在冰期开始时还借了冰山之力，得以广泛散布。

赖尔爵士在一篇大作中曾以几乎和我相同的说法推测“气候巨大变迁影响地理分布的效果”。我相信，不久前这世界又感受到了一次明显的变迁周期。根据这一观点，再结合“通过自然选择发生的修改”，就能解释大量有关相同和相似生命形态目前分布的事实。生命的潮水在一个短暂的时期从南方和北方流出，在赤道处交汇，但来自北方的水流力量更大，于是自由地淹没到南方。正像潮流把漂浮物留在水平线上一样，在潮水涨得最高的地方，留在岸上的漂浮物也最高；生命的潮水把天然的漂浮物留在我们的山顶上，其推进的路线从北极低地开始，直到赤道处的高地。这些遗留下来的生命进退维谷，就像人类中的野蛮民族被驱至几乎每一片大地的高山险寨中谋求生存，它们构成了周边低地从前的生物分布记录，对我们来说很有研究价值。

# 第十二章

# 地理分布（续）

在这一章中，达尔文继续利用各种偶然或必然的迁徙方式、地理障碍等来解释生物的地理分布格局。

根据达尔文的理论，同一属的不同物种必定是从一个祖地散布出去的，至于散布的方式可以有很多假设。根据单地起源说，一个物种的地理分布格局取决于这个物种的迁徙能力和在异地实现归化的能力，而与非生物条件是否相似无关。

首先，对于淡水生物出人意料地具有广泛分布的能力这个问题，达尔文的解释是，由于地平面的小幅升降导致河流的相互汇入，此外具有飞翔能力的禽类也会把水生动植物的卵或种子带到异地。

其次，海岛动物群、植物群与最近邻大陆或岛屿的物种之间的关系模式，以及海岛物种自身的特殊性，在达尔文看来，更符合偶然的传播方式在漫长时间里大范围有效的观点，而非这些岛屿从前曾由连续的陆地与最近邻大陆相连的观点。

总之，动植物在时空中的连续分布是达尔文用来支持进化论的有力证据。达尔文的进化论认为，不管环境条件如何，两种形态血缘越近，在时间或空间上的分布就越靠近；而神创论认为，不管地理位置如何，环境越相似，生物彼此之间就越相像。

# 淡水生物的传播

河湖系统被陆地障碍分隔开，由此我们可能会想到，在同一地区内淡水生物不会广泛分布；显然，海洋是更难逾越的障碍，所以淡水生物绝不可能扩展到远隔重洋的陆地上。然而，事实恰恰相反：不仅许多属于完全不同纲的淡水物种分布广泛，而且近似种也以惊人的方式繁荣于全世界。我清楚地记得，第一次在巴西的淡水中采集生物时，我非常惊奇地发现：那里的淡水昆虫、贝类等与不列颠很相似，而周围陆生生物与不列颠很不相似。

我认为，淡水生物出人意料地具有广泛分布的能力，大多数情况下是因为，它们非常适于频繁地在相距不远的水塘或溪流之间迁移。同一块大陆上，淡水鱼类物种往往分布广泛，甚至几乎恣意分布；两个河系中，有些鱼相同，有些鱼不同。一些事实看似支持通过意外方式偶然传输的可能性，例如旋风时常把活鱼抛到印度，鱼卵从水中被卷出来的时候仍能保持活性，但我认为淡水鱼类的分布主要归因于，地平面近期小幅升降导致河流相互汇入，发洪水时也会发生河流间的汇通。我们有莱茵河的黄土为证，证明地平面在相当近代的地质时期发生过可观的变化，当时地表被现生陆生淡水贝类占据。连续山脉两侧的鱼差别很大——山脉一定在很久以前就分开了河流系统，从而完全阻止了河系之间的汇通。有些淡水鱼属于非常古老的形态，有充足的时间等待巨大的地理变迁，因此迁徙的时机很多。其次，咸水鱼在小心培养下能逐渐适应淡水生活；淡水鱼中有一些曾是，沿海岸游移，后来发生修改，适应了在远方淡水中生活的海生物种。

某些淡水贝类分布非常广泛，近似种亦盛行于世界。根据我的理论，近似种是从共同祖先传衍下来的，而且来自同一个发源地。起初，淡水贝类的分布令我非常困惑，因为它们的卵不太可能由鸟类传播，并且这些卵和成体一样，触海水即死；不过，我观察到的两项事实为解释这个难题投射了一些光明。当一只鸭子突然从布满浮萍的水塘中冒出来的时候，我曾两次看到小的植物粘在它背上。有一次，在我将少许浮萍从一个水族箱移到另一个水族箱的时候，不经意间使一个水族箱生满了来自另一个水族箱的淡水贝类。另一种媒介可能更有效：我把一双鸭掌悬在一个水族箱里（里面有很多淡水贝类的卵正在孵化），模拟一只在天然池塘睡着的鸟，我发现有不少刚刚孵化出来的极微小的贝类在鸭掌上蠕动，它们粘得非常紧，即使鸭掌离开水面也没有被震落，不过在长得稍大一点儿的时候会自动脱落。这些刚刚孵化出来的软体动物虽然生于水中，却能附着于鸭掌，在湿润空气中可存活 12 ~ 20 个小时。这段时间足以让野鸭或鹭飞出至少六七百英里，如果被吹得飞越海面抵达一个海洋岛或其他遥远地点，它们必定会落在池塘或溪流中。赖尔爵士曾捉到一只龙虱，上面牢固地附着一只盾螺（类似帽贝的淡水贝类）；有一次，同科水生甲虫——细纹龙虱飞到比格尔号的甲板上，当时比格尔号距最近的陆地 45 英里。若有好风可资凭借，就没有人能知道它会飞多远了。

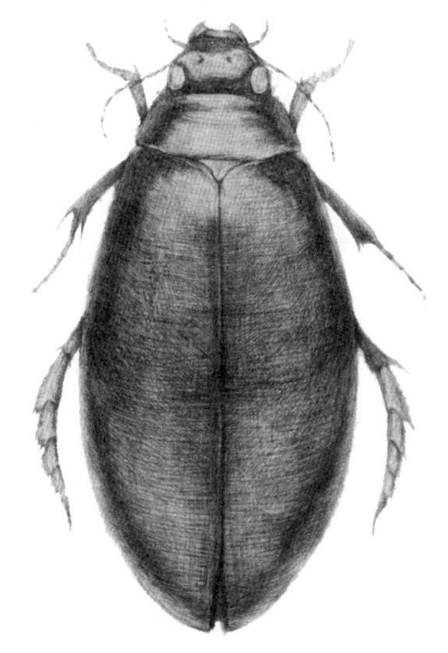

龙虱

鞘翅目龙虱科昆虫的统称。水生，成虫体流线型，背腹面隆拱，后足侧扁，被长毛，适于游泳。成、幼虫均肉食性，捕食多种水生小动物

关于植物，人们早就知道，不论在大陆上还是在最遥远的海洋岛上，许多淡水物种甚至沼泽物种都有极广泛的分布。这一点在只含少数水生成员的陆生植物大群里得到惊人的体现，这几个水生成员似乎因为“水生”，立即实现了非常广的分布。我认为，用散布方式有利可以解释这一事实。涉禽类经常光顾水塘的泥岸，它们受惊飞起时，很有可能脚上带泥。涉禽目的鸟是最伟大的漫游者，有时会飞到大洋中最遥远、最荒凉的岛屿，落到它们天然的淡水渊薮。我从小水塘边上三个不同地点的水底下挖了三汤勺泥土，干燥后称重仅 6.75 盎司，我在书房里放了 6 个月，每长出一株植物便拔起和计数，结果共计 537 株，而这些黏黏的土都装在一个早餐用的杯子里！考虑到这些事实，如果水鸟没有把淡水植物的种子携带到遥远地点，使其取得广泛分布的话，反倒会让人感到费解了。水鸟在传播某些小型淡水动物的卵上可能也发挥了作用。大自然像一位细心的园丁，把它的种子从一种特定性质的温床抛洒到另一种同样适合种子生长的温床。

当一个水塘或溪流（例如在一个隆升的孤立地带）刚刚形成的时候，水里还没有被生物占据，这时生存斗争较为缓和，任何种子或卵都有良好的成功机会。一些（也有可能是很多）淡水生物在自然界中等级较低，我们有理由认为，这些低等生物改变的速度慢于高等生物，于是给某种水生生物的迁徙提供了更充足的时间。不要忘了，和淡水生物一样，很多物种以前可能曾在广大地域连续分布，但后来它们在中间地带灭绝了。

# 论海洋岛上的生物

在接下来的讨论中，我将不仅仅局限于散布问题，而会考虑与“分别创造论”和“伴有修改的传代论”孰是孰非有关的其他事实。

海洋岛上的物种数量少于面积相等的大陆区域拥有的物种数量。新西兰地域广阔、生态环境多样，南北跨越 780 英里，但只有 750 种有花植物。如果将这个数目与好望角或澳大利亚同等面积陆域的物种数量进行比较，我想我们必须承认，有某些和非生物条件完全无关的因素在发挥作用，导致两者之间差异巨大。即使生态环境单一的剑桥郡也有 847 种植物，而安格尔西郡的小岛有 764 种。大西洋中荒芜的阿森松岛只有不到 6 种土著有花植物，但很多有花植物在该岛实现了归化，正如在新西兰和其他所有能说出名字的海洋岛上发生的情况一样。在圣赫勒拿岛，归化动植物已经消灭了许多土著物种。承认“分别创造论”（即每个物种被分别创造出来）的人，势必要承认“许多最适应海洋岛的动植物没有被创造在海洋岛上”；因为人类不经意间使这些岛上充满了来自各地的生物，做得比自然界更充分、更完善。

虽然海洋岛上物种数量稀少，但本地特有种所占比例往往非常大。如果我们拿马德拉岛特有陆生贝类的物种数量或加拉帕戈斯群岛特有鸟类的物种数量和等面积大陆区域的同类特有种数量相比较，就会看到上述观点是正确的。根据我的理论可以预料到这一点，因为物种偶然抵达一个新的孤立地域之后，必须和新的邻居竞争，时间一久，很容易发生修改，并经常产生成群修改了的后裔。但是，绝不能因为一座岛上某一纲的几乎所有物种都是特有的，就认为其他纲，或者同纲其他派的物种也是特有的。这种差别看来是因为未发生修改的物种在迁徙过来时没有遇到障碍，并且是以集群方式入境的，所以相互之间的关系尚未发生大的扰动。例如，在加拉帕戈斯群岛上，绝大多数陆生鸟是特有的，但 11 种海鸟中只有 2 种是特有的。显然，海鸟抵达这些岛屿要比陆生鸟容易得多。另一方面，百慕大群岛和北美洲之间的距离与加拉帕戈斯群岛和南美洲之间的距离差不多，并且百慕大群岛上的土壤非常特别，却没有一种本地特有的陆生鸟——据称是因为许多北美洲的鸟类在它们一年一度的大迁徙中，或定期、或偶然地访问百慕大群岛。哈考特先生告诉我，马德拉岛上没有一种鸟是特有的，几乎每年都有很多欧洲和非洲的鸟被吹到那里。因此，生存于百慕大群岛和马德拉岛上的鸟类，很久以前就在老家进行过争斗，并且变得相互适应，在它们定居于新家之后，每一种鸟都被其他鸟所牵制，从而保持了各自的位置和习性，结果就不易发生改变。此外，马德拉岛拥有数量众多的特有陆生贝类，但没有一种海贝仅分布于其沿岸，或许海贝的卵或幼虫会附在海草、漂木或涉禽的脚掌上，它们比陆生贝类更容易跨越三四百英里的开阔海域。马德拉岛上不同目的昆虫似乎也有类似的情况。

有时海洋岛上会缺失某些纲，显然这些纲的位置被其他生物占据了。在加拉帕戈斯群岛，爬行纲占据了哺乳纲的位置；在新西兰，巨型无翼鸟占据了哺乳纲的位置。至于加拉帕戈斯群岛的植物，胡克博士曾指出，其各目植物的比例和其他地方大相径庭。这些事实通常可以用群岛的非生物条件有所不同来解释，但对我来说，这种解释甚为可疑。我认为，移入的难易程度至少与移入地的条件同等重要。

关于遥远海岛上的生物，还能举出许多值得注意的零散例子。例如，某些岛上没有哺乳动物，但当地一些特有植物却生有带着完善的钩的种子；再也没有比带钩种子是为挂在四足动物的毛或毛皮上进行传播更显而易见的事实了。这个例子并没有给我的理论带来困难，因为带钩种子可能是以其他方式移入岛上的，后来这种植物发生了轻微的修改，但仍然保留了种子上的钩。这类似于许多海岛的甲虫在愈合的鞘翅下仍然保留着皱缩的翅。此外，岛上经常有一些乔木或灌木，它们所属的目在别处仅包含草本物种。根据德堪多的说法，树木很难抵达遥远的海洋岛。而草本植物在高度上与完全长成的树木竞争势必没有胜算，但如果立足于一座只生有草本植物的岛上，通过不断长高，盖过其他植物，或许很容易取得优势。在这种情况下，自然选择将总是倾向于增加在岛上生长的草本植物的高度，无论它们属于哪个目，它首先将它们转化成灌木，最终转化为乔木。

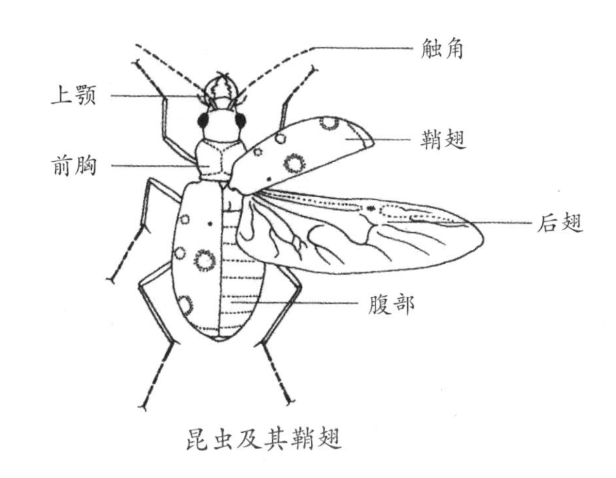

昆虫及其鞘翅

关于海洋岛上整目生物缺失的情况，博里·圣樊尚很早以前就说过，在分布于大洋中的岛屿上从未发现过两栖类（蛙、蟾蜍、蝾螈）。海洋岛普遍缺失两栖类是不能用这些岛屿的非生物条件来解释的，事实上岛屿特别适合这些动物生存——蛙类被引入马德拉岛、亚速尔群岛和毛里求斯岛之后繁殖成灾。这些动物和它们的卵触海水即死，依我看很难漂洋过海，因此无法生存于任何海洋岛。但是，根据创造论，它们本应被创造于岛上，为什么没有这样就很难解释了。

哺乳动物的情况也类似。我仔细查阅了古老的航海记录（查询工作仍在继续），到目前为止尚未发现一例陆生哺乳动物生存在一座距大陆或大陆岛 300 英里以外的例子（土著驯养的动物除外）；许多距大陆很近的岛屿也同样荒芜。福克兰群岛（阿根廷称马尔维纳斯群岛）上栖息着一种像狼的狐狸（俗称福克兰狼），差点儿构成了一个例外。不过，福克兰群岛位于与大陆相连的水下沙洲之上，所以不能被看成是海洋岛；何况冰山以前曾把漂砾带到它的西岸，也许狐狸就是通过

福克兰狼

这种方式传入的，现在北极地区还经常如此。莫说小岛不能供养小型哺乳动物，世界上很多靠近大陆的小岛都存在小型哺乳类，而且小型四足动物能在几乎所有岛屿上归化并大量繁殖。许多火山岛的历史足够古老，创造论不能用没有充足的时间创造哺乳类来解释它们的缺失，而且这些岛屿有足够的时间产生其他纲的本地特有物种。虽然陆生哺乳动物不见于海洋岛，但会飞的哺乳动物几乎在每座岛上都有。新西兰、

毛里求斯等岛屿上都拥有各自特有的蝙蝠。人们不禁要问，为什么我们所设想的创造力在这些遥远的岛上只创造了蝙蝠，而没有创造出其他哺乳动物呢？根据我的观点，答案很简单——因为陆生哺乳动物不能跨越宽阔的海域，但蝙蝠可以飞过去。有人在大白天看到蝙蝠漫游于大西洋之上。只要设想这种漫游物种在新家园中通过自然选择发生修改从而占据新的位置，就能理解为什么岛上存在本地特有的蝙蝠，却不见任何陆生哺乳动物了。

除陆生哺乳动物的缺失与岛屿远离大陆有关联之外，还有一种关联，在一定程度上与距离无关，即将岛屿和毗邻大陆分开的海水的深度与相同哺乳类物种及有所改变的近似种的存在之间的关联。大马来群岛在西里伯斯岛（苏拉威西岛的英语惯用名）附近被一片深海隔开，这段距离也隔开了两群十分不同的哺乳动物。但岛与岛之间的海位于中等深度的水下沙洲之上，使这些岛屿各自拥有相同或非常近似的四足动物。华莱士先生以令人钦佩的热情研究了大马来群岛的自然史，我还没来得及用世界上所有其他地方的情况验证他的结论，但就目前的研究进展而言，这种关系通常能站得住脚。我们看到，不列颠和欧洲被一湾浅浅的海峡隔开，海峡两岸的哺乳类是一样的。澳大利亚附近的许多海岛也是如此。西印度群岛坐落于深邃的水下沙洲之上，深度将近 1 000 英寻，我们在这里找到了美洲特有物种，甚至连属都是独特的。因为在所有情况下，修改的量都在某种程度上取决于流逝的时间，而在近代海陆出现升降的时候，隔着浅海峡的岛屿显然比隔着深海峡的岛屿与大陆连成一片的可能性更大；所以我们就能理解，为什么海水深度与海岛哺乳类和邻近大陆哺乳类的类缘程度会密切相关了，而这种关系无法用分别创造论来解释。

上述所有关于海洋岛生物的事实，在我看来，更符合偶然的传播方式在漫长时间里大范围有效的观点，而非所有这些海洋岛从前曾由连续的陆地与最近邻大陆相连的观点。因为根据后者，发生的迁徙应该更彻底；并且如果允许，所有形态的生物应该更一致地发生修改，这才符合生物与生物之间的关系至关重要的原理。

我不否认，在理解几种遥远海岛上的生物是如何抵达目前家园的问题上仍存在许多难点。我们绝不能忽视，曾经有许多可以作为歇脚点的岛屿，现在已荡然无存。在此，我举其中一个难以解释的情况——几乎所有海洋岛，不管多么孤立、多么小，都存在陆生贝类，并且往往是特有物种，但有时也有和别处共有的物种。众所周知，陆生贝类很容易被盐杀死，它们的卵（至少是我做过实验的卵）沉入海水就会死亡。但是，根据我的观点，它们一定有某些我们不知道的有效传播方式可资凭借。或许刚孵化出来的幼体偶然爬到并附于地面上的鸟的脚上而得以传播呢？陆生贝类休眠的时候，贝壳口处盖着一层膜状的横隔板，或许能卡在漂木的缝里越过中等宽度的海湾。的确有几个物种以这种状态浸在海水中长达 7 日，却未受伤害。我把休眠的罗马蜗牛（*Helix pomatia*）泡到海水中 20 天，它还能完全恢复。

罗马蜗牛

关于海岛上的生物，最引人注目和最重要的事实是，这些生物与最近邻大陆上的生物具有类缘关系，但不是相同的物种。此类事实不胜枚举，下面我举其中一个例子。加拉帕戈斯群岛位于赤道上，距南美洲海岸五六百英里。在这里，几乎所有陆生或海生物种都带有明显的美洲大陆印记。在 26 种陆生鸟中，有 25 种被古尔德先生列为不同的物种，它们被认为是在此地创造出来的，但其中大多数在所有性状（包括习性、姿势、鸣叫的声调）上表现为与美洲物种具有紧密的类缘关系。此地的其他动物和几乎所有植物也是如此。博物学家站在距大陆数百英里的太平洋火山岛上观察动植物，却感觉自己是站在美洲大陆上，这是怎么回事呢？为什么所设想的仅被创造于加拉帕戈斯群岛而非别处的生物，却明显地带有与被创造于美洲的生物相互类缘的特征呢？两地在生存条件、地质特征、高度、气候等方面也相差非常大。另一方面，加拉帕戈斯群岛和佛得角群岛在土壤的火山性质、气候、高度和岛屿面积方面非常相似，但两地生物却完全不同！佛得角群岛生物和非洲生物相关联，正像加拉帕戈斯群岛生物和美洲生物相关联一样。我相信，这一重大事实无法用分别创造论的一般观点来解释，但根据本书的观点，加拉帕戈斯群岛显然很容易接收到来自美洲的“移民”，不管通过偶然的传播方式还是通过从前相连的陆地，而佛得角群岛会从非洲接收“移民”。尽管“移民”会发生修改，但根据遗传原理仍能揭示它们的原产地。

还可以列举很多类似的事实。海岛特有物种与最近邻大陆或近邻岛屿的物种相关联，这的确是一条普适规律，例外很少，并且大多数例外都可以得到解释。新西兰特有植物与最近邻大陆——澳大利亚的植物最相近，这是可想而知的，然而它与南美洲的植物也有明显关联。南美洲虽然是距它第二近的大陆，但它们之间相距极其遥远，于是构成了一种反常情况。不过，如果承认在冰期开始之前很久，新西兰、南美洲和其他南方陆地就被来自遥远中间地带——南极诸岛（当时覆有植被）的生物部分填充过，那么这一困难也就不复存在了。澳大利亚西南角和好望角的植物群存在微弱的类缘性，这才是更不同寻常的情况，目前仍无法解释，但这种类缘性仅限于植物，我相信总有一天会得到解释。

有时我们会看到，导致群岛生物与最近邻大陆生物虽然不属于同一物种但非常近似的规律，以较小规模但更有趣的方式表现在同一个群岛的内部。一些密切相关的物种以一种很奇妙的方式分布在加拉帕戈斯群岛的几座岛屿上：尽管每座岛屿上的生物大多是独有物种，但同别处的生物相比，各岛生物之间的关联却无比密切。根据我的观点，这是意料之中的——因为各岛之间如此靠近，以至于几乎肯定会从相同的发源地接收移居者，或者互相接收移居者。尽管各岛非生物条件很相近，但无疑移居者将在不同的岛屿上面对不同的竞争环境，这时如果该生物出现变异，自然选择大概会在不同的岛屿上催生出不同的变种。

在加拉帕戈斯群岛的例子中，真正令人惊讶的事实是，在分离各岛形成的新物种并没有迅速扩散到其他岛屿。不过，这些岛屿虽然可以彼此相望，却隔着深邃的海湾，大多数地方比不列颠海峡还要宽。湍急的海水扫过群岛，大风异常稀少，因此诸岛间彼此分离的有效程度远甚于地图所示。无论如何，有相当多的物种为几座岛所共有，我们可以从某些事实推知，它们是从一座岛散布到其他岛上去的。毫无疑问，在可自由往来的情况下，如果两个物种能同样好地适应各自在自然界中的位置，那么两者可能会各保其位，并维持分离的状态直到任意长时间。在加拉帕戈斯群岛，虽然鸟类很适合从一座岛飞到另一座岛，但在不同的岛上，许多种鸟也彼此不同。例如，三个很相似的嘲鸫物种，各自局限于各自的岛上。据悉，马德拉岛和毗邻小岛圣港拥有许多独特但又类似的陆生贝类，其中有些生活在石缝里。虽然每年都有大量石头从圣港被运到马德拉岛，却没有发生物种入侵现象。不过，两座岛都被欧洲的陆生贝类入侵，无疑在某些方面它们比本土物种更有优势。在同一大陆的几个地区，“先占”大概对遏制混入可生存于相同生活条件的物种发挥了重要作用。我们看到，虽然澳大利亚东南角和西南角非生物条件几乎相同，又有连续的陆地相连，但两地却各自拥有多种不同的哺乳动物、鸟类和植物。

海洋岛上的生物和它们最可能迁出的原产地的生物如果不是完全相同，也具有明显关联——随后移居者发生修改，变得更适合它们的新家。这一决定海洋岛生物群通性的原则，在自然界具有广泛的适用性。我们在每一座山脉、每一片湖沼和沼泽看到的情况都能验证这一原则。至于高山种，除了在最近的冰期以相同形态广布于世界的高山种（主要是植物）之外，其他高山种都与毗邻的低地物种有关联，所以在南美洲生存的高山蜂鸟、高山啮齿类、高山植物等都是严格的美洲形态。

蜂鸟

雨燕目蜂鸟科鸟类的统称，因飞行时两翅振动发出嗡嗡声而得名，是全世界最小的鸟类。嘴细长，舌能自由伸缩。体被鳞状羽，大都闪耀彩虹色，雄鸟更为鲜艳

显然，当一座山缓慢抬升的时候，周围低地的生物自然会移居上去；湖沼中的生物也是如此。在洞穴中的盲目动物那里，我们也看到了同样的原则。还可以举出其他类似的例子。我相信，任何两个地区，不管相隔多么遥远，只要都存在许多近缘种或类似种，就一定存在某些共同物种，由前述观点可知，两地物种在从前某个时期曾有过往来或迁徙。但凡出现大量近缘种的地方，都会有很多形态被一些博物学家列为不同的物种，被另一些博物学家列为变种，这些争议形态向我们揭示了修改的步骤。

一个物种现在或在先前非生物条件不同的某个时期的迁徙能力和迁徙范围，和其近似种是否存在于遥远地点有关联，这种关联被另一种更加普遍的方式表现出来了。很久以前古尔德先生告诉我，鸟类中有一些属分布遍及世界，这些属中的许多物种分布非常广泛。在哺乳动物中，这条规律由蝙蝠显著地体现出来，在较小程度上由猫科动物和犬科动物体现出来。比较蝴蝶和甲虫的分布，也会发现这样的规律。大多数淡水生物也是如此，许多属分布遍及世界，并且许多单个物种就具有广泛的分布。这并不意味着，看起来具有跨越障碍和广泛分布能力的物种，例如某些翅膀强劲的鸟，就一定会分布广泛——因为我们永远不要忘了，分布广泛不仅意味着要有跨越障碍的能力，更重要的是，还要有在竞争中胜过遥远地点异地生物的能力。不过，根据同一属所有物种虽然现在分布于天涯海角，但都系出同祖的观点，我们应该会发现，至少其中某些物种分布非常广，我认为我们也的确发现了这一普适规律——因为尚未发生修改的祖先务必要广泛分布，在散布中发生改变，将自身置于有利于后代发生转化的多样环境中，这样才能首先转化成新的变种，最终转化成新的物种。

我们应该牢记，某些分布广泛的属极其古老，它们必然在远古时代就从共祖分支出来了，所以有足够的时间等待巨大的气候和地理变迁以及意外传播带来的机遇，使一部分物种迁徙到世界各地，然后可能会根据新环境发生轻微的修改。根据地质证据也有理由相信：一般来说，在每个大纲中，比较低等的生物要比高等形态变化速度慢；于是低等形态更有机会实现广泛分布，并且依然保持种征不变。这一事实与许多低等形态的种子或卵很小、更适于远距传播相结合，大概能解释我们长期以来观察到的一条规律——生物群越低等，就越容易广泛分布。

## 时间演替律和空间演替律的惊人相似性

正如已故的爱德华·福布斯所坚持的那样，贯穿时间和贯穿空间的生命演替律有一种惊人的并行关系——支配生命形态在过去时代演替的规律与支配现今生命形态在不同地域演替的规律几乎相同。每个物种和物种群的存在都是连续的。在空间中也是这样，一个物种或一群物种所栖息的空间通常是连续的。无论在时间中还是在空间中，物种或物种群都有其发展的最高点。属于某一特定时期或区域的物种群，往往以具有共同的细微性状为特征。观察生物长期演替时了解到的情况与现今观察世界上遥远地区时了解到的情况一样：有些生物变化不大，而不同纲或不同目甚或同目不同科的其他生物却发生了很大的变化。在时间上和空间上，各纲低等成员通常比高等成员发生的变化小。根据我的理论，这几条贯穿时间和空间的关系都是可以理解的——不论是同一地点跨越连续时代而生变的生命形态，还是迁徙到远方而生变的生命形态，同一纲内的形态都被同样的普通世代纽带连接在一起。两种形态血缘越近，时间或空间距离也就越近。在两种情况下，变异规律都是一样的，并且修改同样是借助自然选择的力量而积累的。

# 第十三章

## 生物间的类缘关系、形态学、胚胎学和残迹器官

在这一章中，达尔文重点要阐明的是生物分类的原则。大家都知道，生物分为界、门、纲、目、科、属、种七级，这个分类体系诞生于18世纪，奠基人是林奈。在达尔文时代，这个井井有条的系统被认为体现了造物主的计划。但在这里，达尔文用遗传原理和性状分异原理说明，分类学家们实际上是按照“起源一致性”的隐秘纽带来进行分类的，表现在如下几个方面：

生理上重要的器官未必在分类上也重要，比如残迹器官或萎缩器官不具有生理或生存上的重要性，但在分类上通常具有极高的价值，这是因为分类学明显地受到亲缘关系的影响。

生物分类系统是按照谱系排列的，就像家谱一样。同纲的生物传衍自一个共祖，然而几支与共祖具有血缘关系的后代经历不同程度的修改之后，偏差的量可能大不相同，必须归入不同的属、亚科、科、派、目和纲。

变种被认为是从一个物种传衍下来的，它们被归在物种之下，不管它们与亲种有多大差别。

尽管雌体和雄体、成体和幼体有时迥然不同，但两性和各发育阶段的个体仍被归为同一物种，说明分类是根据世系而不是根据形态进行的。

不管一个性状多么微小，只要它盛行于许多不同的物种之中，特别是在习性迥异的物种之中，它就具有极高的分类价值，因为我们只能用系出同源来解释它何以出现在这么多习性迥异的形态中。

各纲生物之间的不同可以用灭绝现象来解释。

## 分类学与“自然系统”的本质

从生命最初形成时开始，所有生物就彼此相像，但相像程度与时推进而益减，因此，它们可以被归入群下有群的类别中。显然这种分类并不像把星体归入星座那般随意。在第二、第四章讨论变异和自然选择的时候，我曾试图说明：分布广、散布大的常见物种，即大属中的优势物种，最常发生变异。由此形成的变种（雏形种）将最终转变成新物种；根据遗传规律，这些新物种又倾向于产生其他新的优势物种。结果，目前较大的群（通常包含许多优势物种）将倾向于继续增大。因为每个物种变化着的后代都试图在自然经济体中占据尽可能多和尽可能不同的位置，所以它们的性状会趋于不断地分歧。

我还论证过，数量增多、性状正在分歧的形态总是倾向于取代和剪灭性状分歧和改良较少的守旧形态。于是，从一个祖先传衍下来的修改了的后代，不可避免在群下又分裂出群。在第四章的生命演化之树分枝图中，顶端水平线上的每个字母都代表一个包含若干物种的属，因为水平线上的所有属都传衍自同一未知祖先，所以构成一个纲，这些属具有某些遗传自祖先的共同特点。根据同一原理，左边三个属的相似之处较多，构成一个亚科，与右边相邻的两个属构成的亚科相区别，后两个属是在第五阶段从一个共祖分出来的。这五个属也有不少相同点，但少于两个亚科内的共同点，它们构成一个科，与更右边、更早分出来的三个属组成的科相区别。以上这些属都是从（A）传衍下来的，它们构成一个目，与从（I）传衍下来的目相区别。于是，我们就可以将从同一祖先传衍下来的物种分成属，属又被划分到亚科、科和目，各目归入一个纲。博物学里群下分群的伟大事实对我们来说已经习以为常，但按照我的理论可以完整地解释这个分类体系。

博物学家试图按照所谓的“自然系统”来安排每个纲的种、属和科。但是这个系统的意义何在？有些作者只把它看作是排列相似生物、区分不相似生物的方案；或者，作为一种用来最简洁地阐明一般性特征的人为手段——例如，用一句话阐明所有哺乳动物的共性，用另一句话阐明所有食肉类的共性，再一句话阐明犬属的共性，然后加一句话就能完整描述每一种狗了。这个系统是一个天才的发明，其实用性不容置疑。但是，许多博物学家认为“自然系统”的意义不止于此！他们相信，“自然系统”体现了造物主的计划。但是，在我看来，除非这种说法可以用时间或空间中的规律来解释，否则就不会增加我们的知识。林奈有一句名言：“并不是性状决定了属，而是属创造了性状。”这似乎暗示在我们的分类系统中蕴含着比相似性更深刻的内涵。我认为的确如此！“血缘近似”是造成生物彼此相似的唯一已知原因，我们的分类系统部分揭示了这条被不同程度的修改所掩盖的纽带！

现在，让我们考虑一下分类所遵从的法则，以及认为“分类或者体现了某个未知的创造计划，或者仅仅是为阐明一般性特征而将最相似形态归在一起的手段”这种说法会给我们带来什么样的困难。古人错误地认为，决定生物生活习性及其在自然经济体中的大概位置的结构，在分类上具有极高的重要性。现在，已无人认为家鼠与鼩鼱、儒艮与鲸、鲸与

**鼩鼱**

哺乳纲食虫目鼩鼱科动物的统称。体形纤小、肢短，形如鼠类但吻部尖长，绝大多数种类栖于湿润地带，捕食虫类等

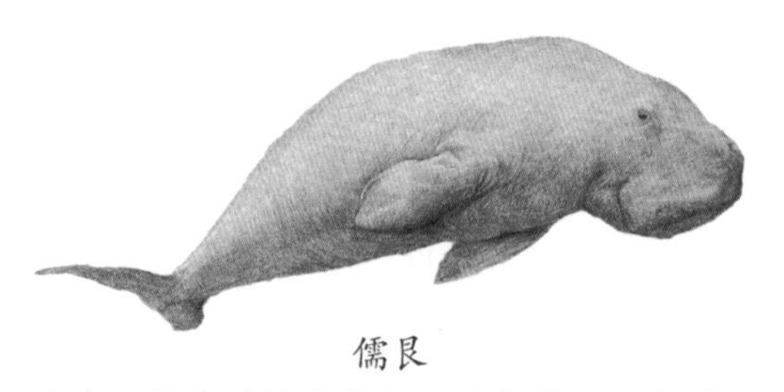

儒艮

海牛目儒艮科儒艮属唯一现生种，俗称“人鱼”。前肢呈鳍状，后肢退化，尾鳍后缘内凹，呈新月形。体纺锤形，背面灰色，腹面稍浅。胸部每侧有一个乳房，乳头位于鳍状肢后方腋下。以藻类或其他水生植物为食

鱼类的外形相似有什么重要意义。虽然这种相似与生物的一生紧密相关，但只不过被列为“适应的或同功的性状”。普遍规律也许反而是，机体的某个部位与特殊习性越无关，就越在分类上具有重要性。例如，欧文在谈到儒艮时说：“生殖器官与动物的习性和食物关系最远，我一向认为，通过生殖器官能非常清楚地看出真正的类缘性。研究这些器官发生的修改，最不易误导我们把适应性状看成是根本性状。”植物也是如此——植物一生所系的器官，除了被用于划分大类之外，几乎没有价值，而它们的生殖器官及所产之籽，却具有最高的重要性！

因此，我们绝不能根据机体某些部位的相似性来进行分类，不论这些部位多么有利于该生物与外部世界的相互作用。毫无疑问，认为重要器官在分类上也重要的观点通常是对的，但并非总是对的。我认为，器官在分类上的重要性取决于，它们是否能较稳定地存在于大群物种之中；而这种稳定性意味着，在物种适应生存环境的过程中，这样的器官通常变化不大。一个在生理上重要的器官未必在分类上也重要，这是一个被广泛承认的事实。在谈到山龙眼科时，罗伯特·布朗说，某些器官对属的重要性“就像其各个组成部分对属的重要性一样非常不均等，有时甚至完全丧失了重要性，我怀疑在其他自然的科中也是如此”。他还指出：牛栓藤科的各属“在一个或多个子房，有无胚乳，覆瓦状或瓣状花被上并不相同，所有这些性状都经常被单独用作区分属，但即使把它们合起来，似乎也不足以区分螯毛果属和牛栓藤属”。同一类群生物形态的重要器官在分类学上重要性不等的例子不胜枚举。

残迹器官或萎缩器官不具有生理或生存上的重要性。可是毫无疑问，这类器官在分类上通常具有极高的价值：反刍类幼兽上颚的残迹牙齿和腿上的残迹骨片非常有助于显示反刍类和厚皮类之间的密切类缘关系；禾本科植物残迹小花的位置对于其分类是高度重要的。

某些部位在生理上无关紧要，但其性状却被普遍认为非常有助于定义整个类群。比如，据欧文说，鼻孔到口腔是否有开放通道是区分鱼类和爬行类的唯一性状。其他一些例子还包括，有袋类上下颚可撑开的角度、昆虫翅膀的折叠方式、某些藻类的颜色、禾本科植物花上各部分的柔毛和脊椎动物外皮覆盖物（毛、羽）的性质等。

微小性状对分类的重要性主要源于，它们与其他一些或多或少重要的性状有关系。性状集合的重要性在博物学中是显而易见的。因此，经常出现这样的情况：某物种与近似种在几个不但有生理上的重要性，而且在其他几乎所有方面也具有重要性的性状上存在差异，但是，我们对它的分类地位并不存疑。我们还发现，依据单一性状进行分类，不论这个性状多么重要，结果总是失败——因为生物体的每一部分都不是恒定不变的。依我看，性状集合的重要性，即便其中没有一个性状是重要的，即可充分解释林奈的格言“并不是性状决定了属，而是属创造了性状”。金虎尾科的几种植物长着完全的或退化的花。关于后者，如朱西厄所说：“种、属、科、纲应该有的许多性状都消失了，

金虎尾

金虎尾科金虎尾属直立灌木。叶对生，卵圆形或倒卵形。夏秋开花，花两性，辐射对称或左右对称

这简直是对分类学的嘲弄。”在法国种植了几年的斯克巴属只产生退化的花，在大量最重要的结构特征上大大偏离了该目应有的形式；但朱西厄说，理查德仍然明智地认为，该属应该保留在金虎尾科中。这个例子很好地表明，我们的分类学有时必须基于灵感。

在实际工作中，当博物学家用某些性状定义一个类群或确定某个物种的分类位置时，他们并不在意这些性状是否具有生理上的重要性。如果他们发现一个近乎恒定的性状为许多形态所共有，但不见于其他形态，就会把它当作一个具有极高价值的性状来用；如果共有这一性状的形态少一些，他们就会把它当作一个具有次等价值的性状来用。如果某些性状总是和其他性状关联出现，则即使没有发现明显的联系纽带，博物学家也会赋予它们特别的价值。在大多数动物类群中，有一些重要器官（如推送血液或给血液供气的器官和繁衍种族的器官）近乎恒定不变，这些器官被认为对分类非常有用；但是，在某些动物类群中，所有这些最重要的生命器官只为分类提供了非常次要的性状。

分类学经常明显地受到亲缘链条的影响。没有什么事情比定义所有鸟类的共有性状更容易了；但是，迄今为止对甲壳纲动物还无法得到类似的定义。把甲壳纲动物排成一个序列，则序列两端的物种几乎没有共有的性状。但是，两端的物种显然与其他物种近似，其他物种又与另一些物种近似，如此关联下去，就可以毫不含糊地将两端的物种归入甲壳纲，而不是关节动物的其他纲。

最后，起码就目前的情况来看，人们在对物种进行分组（如目、亚目、科、亚科和属）时，基本上是随意判定的。在植物和昆虫中都有这样的例子，一组形态起初被经验丰富的博物学家列为一个属，后来升级为一个亚科或科。之所以这么做，并不是因为又发现了一些之前被忽略的重大结构差异，而是因为后来发现了许多级差很小的近似种。

如果我没有太大失误的话，上述所有有关分类的规则、辅助手段和困难都可以根据以下观点进行解释，即自然系统是建立在伴有修改的传代基础上的。博物学家所认为的表明两个或更多物种之间真实亲缘关系的性状都遗传自一个共祖，因此，真实的分类原则是以谱系为基础的；博物学家在潜意识中寻找的隐秘纽带就是起源的一致性，而不是某种未知的创造计划或一般性的特征，也不是简单地将或多或少相似的物种归在一起或分开。

要按照各个类群之间的从属关系和相互关系对每纲下的物种进行正确分类，就必须严格依照谱系，这样才会是自然的。然而，几个分支或类群虽然和共祖的血缘关系相同，但经历不同程度的修改之后，偏差的量却可能大有差别，表现在这些形态被归入不同的属、科、派或目。如果读者不怕麻烦翻阅一下第四章的分枝图，就能完全理解我的意思。假设字母 A ～ L 代表生存于志留纪的 11 个相关的属，它们都是从某个生存于更早阶段的物种传衍下来的。其中 3 个属（A，F，I）的物种生存至今，表示为最顶端水平线上的 15 个属（$a^{14}$ ～ $z^{14}$）。所有这些从一个物种传衍下来的后裔，在血缘或传承上都有同等程度的关系，可以把它们比作第 100 万代同宗兄弟，但它们之间差异很大，而且差异的量也不相等。从 A 传衍下来的形态构成 3 个科，这 3 个科组成了一个目，而从 I 传衍下来的 2 个科组成了另一个目。传衍自 A 的所有现生物种都不能与亲本 A 归入同一个属，I 的情况也一样。生存至今的 $F^{14}$ 属变化甚微，仍与亲本 F 属于同一个属，志留纪确实有几个属一直延续到现在。因此，自然系统是按照谱系排列的，就像家谱一样，但是不同类群发生了不同程度的修改，必须归入不同的属、亚科、科、派、目和纲。

为了证实这种观点，让我们看一看对变种如何分类。变种被认为（或已知）是从一个物种传衍下来的，它们被归在物种之下，亚变种又被归在变种之下。变种和物种一样，采用“群下有群”的分类方式，其原则都是根据修改程度不等的后代的相似度。在对两者进行分类的时候，采用的原则几乎相同。例如，虽然菠萝的果实是最重要的部分，但不能因为两种菠萝变种的果实碰巧一样就把它们归入一类。对变种进行分类时通常以最恒定的部位为准：对牛的变种进行分类时，角非常有用，因为牛角比体形或体色等稳定；但绵羊的角不太稳定，在分类上的作用就差远了。对变种进行分类时，如果我们知道真实的家谱，就应该优先采用谱系分类法——因为不管经历的修改是多还是少，遗传规律总会把近似点最多的形态归在一起。

事实上，每一位博物学家都是利用世系对自然状态下的物种进行分类的。因为最低阶元（物种）包含了两性，每一位博物学家都知道，两性有时在最重要的性状上迥然有别；在同一物种中也包括同一个体的几个幼体阶段，不管这几个幼体阶段彼此之间以及与成体之间差异有多大；此外，同一物种还包含畸形和变种。相信高背报春花传衍自莲香报春花或者莲香报春花传衍自高背报春花的人把两者归为同一物种，给出一个单一的定义。三种兰花（和尚兰、蝇兰和龙须兰）曾被归入三个不同的属，但后来发现它们有时能从同一穗花上长出来，于是人们立即把它们归入同一个物种。

将同一物种的诸个体归在一起通常会借助世系（尽管雌体、雄体和幼体有时迥然有别），将经历一定修改的变种进行分类也会借助世系；既然如此，为什么不能在将物种集合成属、将属集合成更高阶元的时候无意识地借助世系呢？只不过修改幅度更大、所用时间更长而已。我相信人们在无意间曾经应用过世系，只有这样，才能理解最杰出的分类学家所遵循的若干规则和指南。我们没有画好的家谱，只能按照相似性判断起源是否一致。因此，我们选中了据我们所知，在每个物种最近所处的生存环境下最不易发生改变的性状。按照这种观点，残迹结构和机体其他部位一样好，有时甚至更好。一个性状，不论多么微小，只要在许多不同的物种中常见，特别是在习性迥异的物种中，它就具有了极高的价值——因为我们只能用系出同源来解释它何以出现在这么多习性迥异的形态中。根据单一结构点的相似性来分类可能会犯错，但是，如果几个性状（不管多么微小）同时存在于一大群习性各异的生物中，根据传衍论，我们也许可以肯定，这些性状都遗传自一个共祖。由此可知，性状集合在分类中具有特别的价值。

这样我们就能理解，为什么在几个最重要的特征上偏离近似种的物种或物种群，仍然可以被归为同类。这种做法很常见，而且并无不妥——只要有足够数量的性状泄露起源一致性的隐秘纽带。即使两种形态之间不存在任何共同性状，只要这两个极端形态能被一系列中间类群连接起来，我们也能立即指出它们在起源上的一致性，并把它们归入同一纲。如果我们发现在生理上很重要的器官通常也最稳定，就会赋予它们特别的价值；如果发现同一器官在另一个类群或某个类群的派中差异很大，就会立即降低它们在分类上的价值。

根据这些观点，我们就能理解“真实亲缘关系”和“同功相似（或称适应性相似）”之间的重要区别了。最先呼吁人们注意这种区别的是拉马克，后来有一些人跟进。儒艮和鲸在体形和鳍状前肢上的相似以及这两种哺乳动物和鱼类的相似是同功相似。昆虫中有无数同功相似的例子，以至于连林奈都被外在形态误导而把一种同翅目昆虫归入蛾类。依我看，性状只有在揭示世系的时候才会对分类真正有用，这样我们就能理解为什么同功性状或适应性状虽然对生物的福祉至关重要，却对分类学家几乎没有价值。因为由两个亲缘关系最远的世系传衍下来的动物，很容易就可以适应相似的条件，从而在外表上表现出相似；但这种相似非但不能揭示，反而掩盖了它们的血缘关系。我们还能够理解一个明显的悖论：当纲与纲或目与目之间相比较的时候，同样的性状是同功的；但当同纲成员之间或者同目成员之间相互比较的时候，同样的性状又表现出真正的亲缘关系。在鲸类和鱼类相比较的时候，体形和鳍状肢仅仅是同功的，是两纲动物对游水的适应；但是，在鲸科诸成员中，体形和鳍状肢却表现出真实的亲缘关系。鱼类的情况也是这样。

鳍状肢

鱼类的胸鳍和腹鳍，相当于陆生脊椎动物的前肢和后肢，故称鳍肢。在水生哺乳动物，如鲸、海豚、海狗、海豹等中，前肢和后肢特化成似鱼类的鳍肢，故称鳍状肢

大属中优势物种的改良后代倾向于继承那些使所属类群壮大并使其双亲优胜的优势，从而几乎必然会广泛分布，并从自然经济体中攫取越来越多的位置。于是，较大、较强的类群倾向于增大规模，取代许多较小、较弱的类群。这样就解释了如下事实：在一个大的自然体系之下，新近生物和已灭绝生物都被包含在不多的几个大目和更少的纲里。高等类群的数量是多么稀少，但在世界上的分布又是如此广泛；澳大利亚大陆被发现之后，并没有为昆虫纲增加一个新目，在植物界也只增加了两三个小目，这是一个惊人的事实。

在地质演替一章，我试图表明，根据“长期修改导致各类群普遍发生性状分异”的原理，较古的生物形态如何经常呈现出略微介于两个现生类群之间的中间性状。几种存在中间性状的古老亲本形态偶尔会把变化很小的后代传衍到今天，我们称之为中间型，或畸变生物。根据我的理论，一种形态越反常，则已灭绝或已完全消失的连接形态也必然越多。我们有证据证明，畸变形态受灭绝影响很重，它们往往只有极少数代表物种，而仅有的这些物种之间差异也极大，这同样意味着灭绝。例如，鸭嘴兽属和美洲肺鱼属各自只有 1 个代表物种；但即使这两个属各有十来个物种作代表，它们的奇异程度也不会变得更轻。我想，我们只能这样解释：奇异形态是被竞争者征服的形态，其少数成员由于不同寻常的巧合得以保存在适宜生长的环境中。

沃特豪斯先生指出，如果某动物群的一个成员表现出与相当不同的另一个类群有类缘关系，则大多数情况下，这种类缘关系是一般的而非特殊的。例如，啮齿类中的绒鼠与有袋类关系最近，但从绒鼠接近有袋目的各点来看，其关系是一般性的，并不偏向任何一个有袋类物种。我们相信，绒鼠和有袋类之间的类同点是真实的而非只是适应性的，根据我的理论，它们来自共同的遗传。或者我们假设所有啮齿类动物（包括绒鼠）都是从远古有袋动物分出来的，这种远古有袋类的性状在某种程度上介于所有现生有袋类之间；或者假设啮齿类和有袋类系出同源，从那以后两类群朝不同方向发生了很大的修改。无论根据哪一种观点，我们都可以认为，绒鼠通过遗传而比其他啮齿类保留了更多的远祖性状；因此绒鼠不会偏向任何一种现生有袋类动物，而是通过部分保留共祖的性状，间接地与所有或几乎所有有袋类动物相关联。另一方面，在所有有袋类动物中，袋熊与整个啮齿目非常相似，而不是与其中某个物种非常相似。在这个例子中，很有可能只是同功上的相似——因为袋熊发生了适应，习性变得像一种啮齿动物的习性。

袋熊

双门齿目袋熊科 2 属 3 种动物的通称，为澳大利亚东南部特有物种。体格粗壮，尾极短，外表似小型熊类，习性接近啮齿类。食草，善于挖掘

根据传衍自共祖的各物种性状多样化并逐渐分歧的原理，结合物种因遗传而存留某些共同性状的原理，我们就能理解把同科或更高阶元的

一切成员连接起来的、非常复杂的辐射状类缘关系。同一科物种的共祖经灭绝作用分裂成不同的类群和亚类群，共祖的一些性状经过不同方式和不同程度的修改传给所有后裔，因此这几个物种会通过迂回的类缘关系链条（正如在经常提到的分枝图中所看到的那样）相互联系，这些长度不等的链条穿过许多前辈而上升。于是，我们就能理解，如果没有谱系树图，博物学家们在描述同一大纲中各现生成员和已灭绝成员的各种类缘关系时会多么艰难。

在第四章中，我们已经注意到，灭绝在确定和扩大各纲内几个类群之间的间隔方面，发挥了重要作用。我们甚至可以用灭绝解释各个整纲之间的不同，如鸟纲和所有其他脊椎动物为什么会截然不同——因为曾经把鸟类始祖和其他脊椎动物各纲的始祖连接在一起的许多古代形态已经完全灭绝了。曾经连接鱼类和两栖类的生命形态较少发生整体性灭绝，在其他一些纲，发生的灭绝更少，比如甲壳纲，其中最稀奇古怪的形态仍然能被一条长而破碎的类缘链条连在一起。灭绝只能使类群分开，绝不能生成类群——如果复活曾在地球上生存过的一切生物，那么我们将极难给出区分每个类群与其他类群的定义，因为所有生物都被最细微的级进连在一起，就如同一系列现生变种，不过，一个自然的分类，或者至少一个自然的排列，仍然是可能的。我们不能界定几大类群，却可以挑出代表每个或大或小类群的大多数性状的模式或形态，就它们彼此之间的差异大小给出大体的概念。如果我们收集到某一纲动物生活在各个时代、各个地区的所有形态，这就是必须依据的方法。当然，我们永远也收集不到如此完美的藏品；不过，在某些纲中，我们正朝这个方向努力。

最后，我们看到，经过生存斗争之后，传衍自一个优势亲种的许多后裔将不可避免地出现灭绝和性状分异。用这样的自然选择过程即可解释，存在于所有生物类缘关系之中的普遍规律——群下有群。我们用血缘因素把两性和各发育阶段的个体归为同一物种，不管它们之间的共同性状多么稀少；我们用血缘因素对已得到确认的变种进行分类，不管它们和亲种有多大差别。我认为血缘因素就是博物学家在自然系统背后苦苦寻找的隐秘纽带。就目前的完善程度而言，自然系统是按照谱系排列的，传衍自一个共祖的各级后裔之间的差别以属、科、目等术语进行区分，根据这一观点，我们就能理解在分类时不得不遵循的一些规则。我们可以清楚地看到：所有现生的和已灭绝的形态是怎样汇聚成一个大体系的；而每个纲的若干成员又是怎样被极其复杂的辐射状类缘关系链条联系在一起的。我们大概永远都不能解开任何一纲成员之间错综复杂的类缘网络，但如果我们的视野中有了一个明确的目标，使我们不再找寻某种未知的创造计划，就可以期待通过长期的努力解决这一问题。

## 形态学

我们已经看到，不管生活习性如何，同纲成员都会在大体外形上彼此相似，这种相似经常用术语“模式一致律”来表示，或者说，同纲不同物种的几个部位和器官是同源的。整个问题都归属于“形态学”范畴之下，这是博物学中最有趣的分支，也许可以说是它的灵魂。人用于抓握的手、鼹鼠用来掘地的爪子、马腿、海豚的鳍状肢和蝙蝠的翼，都是用同样的方式构造出来的，并且在相应的位置长着同样的骨头，还有什么比这更稀奇？同源器官中的连接关联非常重要：这些部位在形态和大小上可能会发生几乎任何程度的变化，但它们总是以同样的顺序连接在一起。例如，我们从未发现上臂和前臂，或大腿和小腿的骨头颠倒过位置。因此，在差别很大的动物中，同源的骨头可以起同样的名字。在昆虫口器的构造上，这一伟大规律同样起作用——还有什么比天蛾的螺旋状长喙、蜂类昆虫奇异的折叠喙和甲虫的大颚之间差别更大呢？但所有这些用于不同目的的器官却都是由一个上唇、上颚和两对下颚经过无数次修改形成的。类似的规律也支配着甲壳纲动物口器和肢的建构。植物的花也不例外。

用“有用性”或目的论来解释同纲成员之间的相似模式是最没有希望的。根据每种生物都是被独立创造出来的观点，我们只能说：因为这样，所以这样，造物主就是愿意这样构建每个动物和植物。

根据自然选择积累连续微小修改的理论，就能清楚地加以解释：每一步修改都以某种方式对改变了的形态有利，但经常因“相关生长律”而影响机体的其他部位。此类改变几乎不会修改原初模式，也不会调换各部分的位置。修改的程度可以很大，但不会改变骨架或各部分之间的相互关联。假设所有哺乳动物先祖（也许可以称作原型）的四肢构建与现生哺乳动物通常的模式一致，那么不管它们的用途是什么，我们都能立即感受到整纲中肢的同源构造的明确意义。昆虫的口器也是如此，只要假设昆虫的共祖具有哪怕是极简单的上唇、上颚和两对下颚，随后自然选择就能使各种昆虫的口器呈现结构和功能的无限多样性。不过，器官的通行模式也可能变得晦暗不明，甚至完全丧失，例如已灭绝的巨型海蜥蜴的鳍状肢。

海鬣蜥

蜥蜴目美洲鬣蜥科海鬣蜥属，又名钝鼻蜥。生活在厄瓜多尔加拉帕戈斯群岛，是蜥蜴中仅存的海生种，主要栖息于岩石海边，以海草为食物来源

关于这个问题，还有一个同样奇妙的分支，即不对比同纲各成员的对等部分，而对比同一个体的不同部位或器官。大多数生理学家认为，头骨与某几个椎骨的基本部分是同源的，也就是说，在数量和相互连接上一致。脊椎动物各纲和关节动物各纲成员的前后肢是明显同源的。在对比甲壳类奇妙而复杂的颚和腿的时候，我们也看到了同样的规律。众所周知，在一朵花中，萼片、花瓣、雄蕊和雌蕊的相对位置及其内部结构，可用“这些花是由螺旋状排列的变形叶子组成的”来解释。在畸形植物中，我们经常能得到一种器官可能是由另一种器官转变而来的证据。我们在甲壳类等许多动物的胚胎和植物的花中确实看到，一些成熟后极不相同的器官，在发育早期却非常相似。

按照创造论的说法，这些事实怎么能解释得通呢！为什么脑子要包含在由如此多奇形怪状的骨片构成的盒子里？正如欧文指出的，分离的骨片有利于哺乳动物分娩，绝不能用来解释鸟类头骨的相似构造！为什么蝙蝠的翼和腿用途完全不同，却由相似的骨片构成？为什么具有由许多部分构成的复杂口器的甲壳纲动物总是腿少？或者反过来问，为什么多腿的甲壳纲动物只有简单的口器？为什么一朵花的萼片、花瓣、雄蕊和雌蕊用途各异，构建的模式却都相同？

而根据自然选择理论却可以满意地回答这些问题。在脊椎动物中，我们看到一系列带有骨突和附器的内椎骨；在关节动物中，我们看到带有外部附器的体节；而在有花植物中，我们看到一系列螺旋上升的叶轮。据欧文观察，对同一部位或器官的无限重复是所有低等形态或很少发生修改的形态的共性。这使我们相信，脊椎动物的未知祖先有许多椎骨；关节动物的未知祖先有许多体节；有花植物的未知祖先有螺旋状的叶轮。前面讲过，重复多次的部位极易在数量上和结构上发生变异，在长期、持续的修改过程中，自然选择很可能会使原初就有的元素重复多次，以适应极其多样的用途。因为整个修改程度是通过连续的微小步骤实现的，所以我们不必惊讶于发现保持了某种程度基本相似的部位或器官，这可以归于强大的遗传作用。

赫胥黎（1825—1895）
英国博物学家、教育家，达尔文进化论的积极支持者

博物学家经常谈及头骨是由变形的椎骨构成的，螃蟹的颚是变形的腿，花的雄蕊和雌蕊是变形的叶。其实，赫胥黎教授的说法才是更正确的表述：头骨和椎骨、颚和腿等并不是由此变形成了彼，而是从某种共同的元素衍变而来。博物学家这么说只是为了做比喻，他们想表达的绝不是，在漫长的传衍过程中，某种原初的器官（如椎骨或腿）真的变成了头骨或颚；但是出现这类修改的迹象太明显，以至于博物学家不可避免地使用了如此的比喻。然而，根据我的观点，这些描述堪称恰如其分：如果螃蟹的颚真的是在长期传衍过程中从真正的腿（或某个简单附属物）变形而成，那么螃蟹的颚通过遗传保留大量应有的特征也就不足为奇了。

# 胚胎学

前面捎带提到，个体的某些器官在胚胎阶段完全一样，但成熟后却变得大不一样，并且各具不同的用途。同纲的不同物种在胚胎阶段也经常表现出惊人的相似。阿加西斯的例子是最好的证明：他忘记了对某种脊椎动物的胚胎做标记，现在竟分不清它是哺乳类的胚胎，还是鸟类或爬行类的胚胎了！蛾子、苍蝇、甲虫等的蛆状幼虫之间的相似程度远胜过它们的成虫。胚胎相似有时到相当晚的龄期还能看出痕迹：同属或近缘属的鸟经常在第一次生羽和第二次生羽时彼此相似，如在鸫类中见到的带斑点的羽毛。在猫族中，大多数物种具有线状的条纹或斑点；在幼狮身上可以很清楚地看到条纹。

成体差别很大的同纲动物可能在胚胎结构上彼此相似，这与它们的生存条件往往没有直接的关系。例如，我们不能认为，在脊椎动物的胚胎中，鳃裂附近动脉的环状构造与生存环境类似有关——哺乳动物幼兽养成于母兽的子宫中，鸟卵孵出于窝中，蛙卵则产于水下。

然而，当一种动物在其胚胎期要活动和养活自己的时候，情况就不同了。活动期的到来有的早，有的晚；不过，一旦到来，则幼体对生活环境的适应就能像成体动物一样完善。由于这些特殊的适应，近缘动物的幼体或活动胚胎之间的相似性有时会很模糊。可以举出在两个物种或物种群中幼体之间差异等于甚至大于成体之间差异的例子，不过在大多数情况下，幼体虽然活动，但仍会或多或少地遵从胚胎相似的普遍规律。蔓足类就是一个很好的例子：连大名鼎鼎的居维叶都没想到，藤壶是一种名副其实的甲壳动物；不过，只需看一眼藤壶幼体，就真相大白了。

胚胎在发育过程中，组织度通常会提升。不过，在某些情况下，大家普遍认为，成体动物在等级上低于幼体，比如某些寄生甲壳类。再次以蔓足类为例：在第一阶段，幼虫具有三对足、一只非常简单的单眼和一张喙状的嘴，它们通过嘴大量进食，成长很显著；第二阶段相当于蝶蛹阶段，它们有六对善于游泳的腿、一对复眼和极复杂的触角，但嘴闭着不能取食（这个阶段的任务是，通过发育良好的感觉器官和灵活的游泳能力搜寻一个合适的位置，以便附上去进行最后的变形）；这一步完成后，定居生活开始，于是它们的腿转变成抓握器官，嘴再次变得完善，但触角没有了，双眼变成非常小且非常简单的单眼点。既可以认为处于发育完成阶段的蔓足类比幼体阶段更高等，也可以认为更低等。在某些属，幼体可以发育成具有一般结构的雌雄同体个体，也可以发育成“补充性雄体”。后者的发育的确是倒退，因为这种雄体只是一只短寿的囊袋，没有口、胃等重要器官，只有生殖器官。

对于胚胎和成体在结构上的差别，我们已经习以为常，对同纲内极不相同动物的胚胎的密切相似性也已经习以为常，以至于我们认为，这两点是生长过程中必然出现的。但是，没有明确的原因表明，诸如蝙蝠翼和海豚鳍那样的结构，为什么在胚胎中初见端倪的时候没有立即以合适的比例显现出来。就某些整群和其他类群的某些动物而言，其胚胎在任何时期都与成体没有大的区别。欧文曾经指出，乌贼“外形没有变化，早在胚胎的各部分长成之前，头足类的性状就已明白地显现出来”；蜘蛛也是如此——“没有什么迹象表明发生了变形”。

那么，我们应该如何解释胚胎学中的这几项事实呢？胚胎和成体普遍存在结构上的差异，但并非没有例外；同一个体胚胎的各个部分在生长早期非常相像，但最终却变得大相径庭并用于不同的用途；同纲内不同物种的胚胎往往彼此相像；胚胎的结构并不和它的生存条件紧密关联，但胚胎在某一时期需要自行活动和供养自己时例外；有时候胚胎的组织度看上去比由它发育成的成体还高。我相信，根据伴有修改的传代观点，所有这些事实都能得到解释。

可能因为畸形经常影响极早期的胚胎，所以人们普遍认为，轻微变异也一定出现在这么早的阶段。但这种观点缺乏证据支持。事实上，证据都是相反的——众所周知，育种家往往在动物生下来过些时日之后，才能说出它最终将具有什么优点或长成什么模样。我们在自己的孩子身上明显地看到了这一点，我们说不准孩子将来是高是矮、容貌会长成什么样。问题不在于变异发生在生命的哪个时期，而在于变异在哪个阶段完全展现。我相信引起变异的原因往往在胚胎形成之前就已发生作用了，变异可能来自雄性或雌性因素受到父母或祖先所处环境条件的影响。无论如何，在极早阶段甚至在胚胎形成之前就产生的效应，很可能会在生命的较晚阶段显现，如只出现在老年的遗传病是通过父母一方的遗传因素传给后代的。同样，正如杂交牛的角受父母任意一方角形的影响。就幼体的福祉而言，只要它还存留于母体子宫中或卵内，或者只要它还受到父母一方的养育和保护，那么，完全获得大部分性状的时间是稍早还是稍晚一定很不重要。例如，靠长喙取食的鸟类，只要还由父母喂养，则它是否长出特有的长喙就不重要。因此，我得出如下结论：每个物种取得目前结构所依赖的每一步连续而微小的修改很可能是在生命期的不很早阶段出现的——家养动物能为我们提供一些直接的证据。但在其他情况下，每一步连续的修改或大部分修改很可能在生命的极早期就出现了。

我在第一章中说过，有证据表明：在父母的某个龄期第一次出现的任何变异，可能也会重现于后代的相应龄期。某些变异只出现在相应的龄期，如蚕蛾在毛虫、茧或成虫状态下的特异性，或者几乎完全长成的牛在角上表现出来的特异性。不仅如此，我们还看到，不管变异出现的时间是早是晚，在子代身上出现的龄期都倾向于与亲代一致。也有一些变异发生在子代的龄期要早于发生在亲代的龄期。

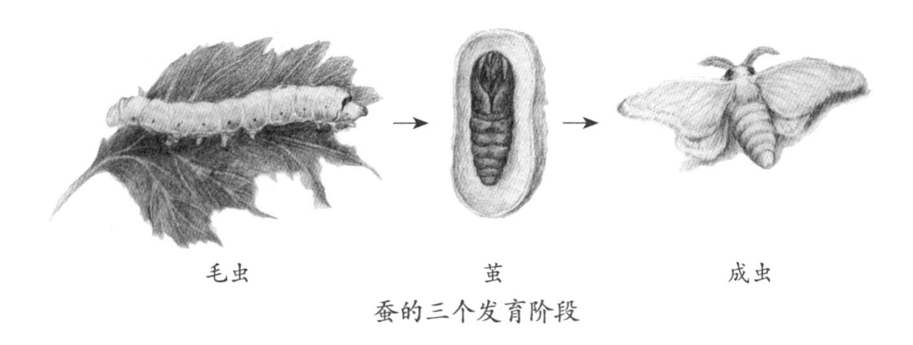


蚕的三个发育阶段

在我看来，有确凿的证据表明，几个品种的家鸽是从单一野生物种传衍下来的。这些家鸽的成体在喙的长度和形状上差别极大，我毫不怀疑，如果它们是自然界的产物，势必会被列为不同的属。但是，如果将这几个品种的幼鸽排成一排进行比较，则它们在上述几个特定方面的差异就远远逊于成体鸽在这些方面的差异。

在我看来，关于家养变种胚胎晚期的这些事实都能由前文中给出的两条原理进行解释。育种家在马、狗、鸽基本长成的时候对它们进行选择和繁殖，他们不管自己想要的品质和结构是出现在生命期的较早阶段还是较晚阶段，只要成体动物具有就可以。上面给出的例子似乎表明，育种家根据自己的喜好通过人工选择积累下来的特征差异，大多出现在生命期的较晚阶段，后代通过遗传也会在相应的较晚阶段才出现这些特征差异。

现在，让我们把这些事实和上述两条原理应用到自然状态下的物种。以鸟纲中的某个属为例。根据我的理论，这个属是从某个祖先种传衍下来的，并且其中几个新物种为适应不同的习性已经在自然选择的作用下发生了修改。这样，因为许多连续的微小变异步骤出现在较晚的龄期，并被遗传到了相应的龄期，于是该属下几个新物种的雏鸟之间将密切相似，远胜过成鸟之间的相似度，正如我们在鸽子中看到的情况。我们可以把这个观点扩大到整科甚至整纲。例如，祖先种用作腿的前肢经过长期修改，在一支后代中适宜用作手，在另一支后代中用作鳍状肢，在第三支后代中用作翼。而根据上述两条原理——每一个发生在稍晚阶段的连续修改，也被遗传到了比较晚的龄期——祖先种若干后裔的胚胎仍旧具有彼此相似的前肢，因为还没有发生修改。但在每一个新物种中，胚胎的前肢与成体动物的前肢将有非常大的差别。成体的前肢将在生命期的稍晚阶段经历显著修改变成了手、鳍状肢或翼。不管长久不断的用进或废退效应怎样改变一个器官，这种影响都主要作用于有自主活动能力、必须自己谋生的成体动物，而且这样产生的作用会被遗传到一个对应的成熟龄期。幼体将保持未修改的状态，或者因为用进废退效应而只发生轻微的修改。

在某些例子中，由于我们完全不知道的原因，连续的变异步骤可能发生在生命的很早期，或者每一步都被遗传到比变异首次出现时更早的时期。在这两种情况下（如短面翻飞鸽），幼体或胚胎都与祖先的成体形态密切相似。我们看到，某些动物类群的情况就是如此，比如乌贼、蜘蛛以及昆虫纲的几位成员（如蚜虫）。幼体不发生任何变形，或者从生命极早期就极肖似父母可能有以下两个原因：一个是在历经很多世代的修改过程中，幼体不得不在很早的阶段就自我供养；另一个是幼体的生活习性与亲代完全一致，为了生存，幼体必须在很早期就按照亲代的方式发生修改以适应相似的生活习性。

因为我们要对所有曾经在地球上生存过的生物进行分类，并且要用最细小的等级把它们连接起来，如果我们的藏品是近乎完备的，则最好的或唯一可能的安排将是谱系式的。依我看，亲缘关系乃是博物学家一直在“自然系统”这个术语下所寻找的隐秘纽带。根据这种观点，我们就能理解为什么在大多数博物学家眼中，胚胎结构对于分类的重要性要高于成体——因为动物胚胎处于修改较少的状态，能揭示祖先的结构。不管目前两群动物在结构和习性上有多大差异，只要它们经历相同或相似的胚胎阶段，我们就能肯定，它们传衍自同一或极相似的祖先，因此具有密切的关系。简而言之，胚胎结构的一致性揭示了一脉相传的关系。例如，根据蔓足类的幼体，我们能一眼看出，蔓足类属于甲壳类这一大纲。因为每个物种和物种群的胚胎形态都向我们部分展示了它们修改较少的远古祖先的结构，所以我们能清楚地看到，为什么远古已灭绝的生命形态会和它们后代（即现生物种）的胚胎相似。阿加西斯认为这是自然规律，但我承认这条规律目前还没有得到证实。只有在据信由许多胚胎所代表的远古形态，没有在长期修改过程中因发生于生命很早期的连续变异而被抹杀，也没有因这些变异在早于它们首次出现的龄期被遗传而被抹杀，才能证明这条规律是真的。远古生命形态与现生生命形态在胚胎阶段相似的规律可能是真的，但是，因为地质记录不能回溯足够远的时间，所以这条规律可能长期或永远得不到证明。

于是，在我看来，根据以下原理就能解释博物学研究中最为重要的胚胎学的主要事实——在传衍自同一个远祖的许多后代中，虽然导致轻微修改的原因可能在最早阶段就已经发生，但修改并没有发生在非常早的阶段，且被相应地遗传到不太早的阶段。如果我们把胚胎看成是各大纲动物共祖的一幅写照，胚胎学的重要性就大大提升了。

## 残迹的、萎缩的或不发育的器官

处在这种奇怪状态的器官或部位，带着“废用”的戳记，在自然界极其常见。例如，雄性哺乳动物通常有残迹的乳头；我想，可以稳妥地认为鸟类的小翼羽是残迹状态的趾。有些残迹器官的情况很奇怪：例如，鲸的胚胎头部有牙，长大后就没有了；未出生的小牛上颚有牙，但从来不突破牙床。甚至有权威人士称，在某些鸟胚胎的喙中也能检测到牙齿的残迹。谁都知道生翅膀是为了飞翔；不过，我们看到有许多昆虫的翅膀显著缩小以至于无法飞行，翅膀紧紧贴在鞘翅下方的情况也不少见。

残迹器官的意义经常很明确。例如，同属（甚至同种）甲虫在所有方面都极其相像，但其中一种具有正常大小的翅膀，而另一种只有膜的残迹，这残迹无疑代表了翅膀。有时残迹器官仍具有潜在的能力，只是未得发展，雄性哺乳动物的乳头似乎就是如此，据记载，成年雄性哺乳动物的乳头发育完全并分泌乳汁的例子有很多。牛属动物的乳房通常有四个发育的乳头和两个残迹的乳头，但在家养母牛中，那两个残迹乳头有时候也会发育和产奶。同一种植物的个体，有时花瓣仅仅是残迹，有时发育良好。在雌雄异体植物中，雄花经常生有一个残迹雌蕊。克尔罗伊特发现，使这种雄株和雌雄同株的物种杂交，在杂种后代中，残迹雌蕊的体积明显增大，这表明残迹雌蕊和完全雌蕊在性质上是基本类似的。

有两种用途的器官，其中一种用途，甚至是比较重要的用途，可能会变得残迹或发育不全，但另一种用途仍保持完全效力。在植物中，雌蕊的功能在于，使花粉管够到基部子房中的胚珠。雌蕊含有被花柱支持的柱头，但在某些菊科植物中，显然不能受精的雄性小花具有一个残迹雌蕊——因为其顶部没有柱头；但花柱发育良好，也像其他菊科花那样覆有细毛，用来刷下周围花药内的花粉。

同一物种的诸个体中，残迹器官很容易在发育程度等方面出现差异。在近缘物种中，同样器官的残迹程度有时会呈现很大差异。用某些类群雌蛾的翅膀状态可以很好地说明后一种情况。残迹器官有可能完全不发育，这意味着根据类推本可期望找到的器官在动植物体内找不到痕迹，却偶尔会在这个物种的畸形个体中找到。在金鱼草中，我们通常看不到第五雄蕊的残迹，不过有时也有例外。在追踪同纲各成员同一部位的同源关系时，寻找残迹器官是最常用也是最必要的手段。从欧文所绘的马、牛和犀牛的腿骨中可以清楚地看到这一点。

金鱼草

车前科金鱼草属多年生草本，因花状似金鱼而得名。茎细长，分枝，叶对生或上部叶互生，长椭圆形或披针形。夏秋开花，花冠有紫、红、黄、白等色

一个重要事实是，常见于胚胎中的残迹器官，如鲸类和反刍类上颚中的牙齿，在后来的发育中会完全消失。我相信如下这条普遍法则，在胚胎中残迹部位或器官相对于邻近部位的体积要大于在成体中的体积；所以，这个器官在早期残迹程度较低，甚至不能算是残迹。因此，成体的残迹器官常被说成是还保留着胚胎的状态。

在仔细考量残迹器官的时候，每个人都会感到震惊：因为理性一方面告诉我们，大多数部位和器官与某些用途精巧适应；另一方面告诉我们，残迹或萎缩的器官是不完善的和无用的。博物学著作通常把残迹器官说成“为对称的目的”而创造或“为了完成大自然的设计”。对我而言，这算不上解释，只是对事实的复述。

根据我提出的伴有修改的传代理论，就可以很容易解释残迹器官的由来。家养生物中残迹器官的例子比比皆是——无尾品种中的残尾，无耳品种中的残耳，无角牛品种中重现的小吊角，以及花椰菜整个花的状态。对于自然状态下的残迹器官，我认为废用是主要原因；废用导致各器官在连续的世代中逐渐缩小，直至变成残迹，就像栖息于黑

英国无角牛

暗洞穴中的动物变得盲目、栖息于海洋岛的鸟因很少飞翔翅膀退化最终失去飞翔能力一样。再者，在某种环境下有用的器官，到其他环境下却可能变得有害——生活在开阔小岛上的甲虫的翅膀就是这样；随后自然选择会持续而缓慢地缩减这个器官，直到它变得无害成为残迹。

任何功能上的变化，如果能通过难以察觉的微小步骤达成，就能落入自然选择的控制之中。因此，在生活习性改变的情况下，一个变得无用或有害的器官，很容易被修改并用于另一用途。一个器官也可能只保留了原有功能中的一项。变得无用的器官，其变异不再受到自然选择的控制，于是发生变化的可能性很大。通常在生物达到成熟并具有完全行动能力的阶段，废用和自然选择才开始缩减某个器官。遗传至相应龄期的规律将使这个缩减的器官出现在后代的同一龄期，因而在胚胎阶段很少会影响或缩减这个器官。这样，我们就能理解残迹器官为什么在胚胎阶段相对较大，而在成体阶段则相对较小。但是，如果缩减过程的每一步没有被遗传到相应龄期，而是被遗传到了很早的生命阶段（我们有充分的理由相信这是有可能的），那么残迹部位将倾向于完全消失，这就是我们所看到的“彻底不发育”的情况。尽可能不浪费营养构筑无用器官的“节俭原则”可能经常会发挥作用，倾向于使残迹器官彻底消失。

残迹器官之所以存在，是因为机体每一部位中长期存在的趋势可以遗传。于是，根据按照谱系进行分类的观点，我们就能理解为什么分类学家认定残迹部位同样有用，有时甚至比具有高度生理重要性的部位更有用。残迹器官好比单词中的不发音字母，虽然无助于发音，但可以作为追溯词源的线索。残迹、不完善、无用或相当不发育的器官的存在对创造论的信条构成了严重的困难；但按照伴有修改的传代理论，这非但不是难题，反而在意料之中，用遗传规律就能得到解释。

## 同纲生物拥有共同的祖先

在本章中，我努力阐释了如下事实：亘古以来所有生物群下有群；所有现生和已灭绝生物由类缘关系链条连接成一个大系统的关联性；博物学家在分类时遵循的原则和遇到的困难；只要一个普遍存在的性状稳定不变，则不管这个性状在生理上是否重要，都不影响它在分类上的价值，如毫无用处的残迹器官；同功性状或适应性状与具有真实亲缘关系的性状总是不一致……这些事实都清楚地表明：生存于这个世界上的无数种、属、科的生物，都是从所属纲或所属类群的共祖传衍下来的，并且都在传衍过程中发生了修改。即使没有其他事实或论证的支持，我也将毫不犹豫地采纳这个观点。

# 第十四章

# 重述和结论

在这一章里，达尔文承认“当今世上最卓越的博物学家和地质学家都拒绝物种可变的观点”，而他本人则“完全相信这部摘要式著作中提出的观点是真实的”，并且预测“本书关于物种起源的观点或类似的观点一旦被普遍接受，就会引起博物学上的重大革命”。不过达尔文还是太保守了，进化论被今人认为奠定了现代生物学的基础。在达尔文有生之年，《物种起源》再版达 5 次之多。然而，达尔文生前得到的最高奖励是英国皇家学会授予他的科普利勋章，在表彰辞中竟没有提到进化论。

在本书末尾，达尔文用生动的笔调描画了地球上生命的第一缕曙光。现在我们认为，生命是在大约 30 亿年到 40 亿年之前开始的，也许在一摊热水（原始汤）里曾经形成了一个巨大而复杂的分子，这个分子可以自行分裂成两个一模一样的单位，于是漫长的进化过程就这样开始了。在距今约 5.4 亿年前的早寒武纪前后发生了生命史上最为壮观的创新事件，即在占地球生命史 1% 的时间里产生了地球生物的绝大多数门类，俗称“寒武生命大爆发”。地史学曾将这一时刻作为分界线，前一阶段为“隐生宙”，后一阶段为“显生宙”。“显生宙”分为古生代、中生代和新生代，古生代包括 6 个纪：寒武、奥陶、志留、泥盆、石炭和二叠，不过在达尔文时代尚未建立奥陶纪，达尔文称更早的地层为“志留纪地层之下”。

寒武生命大爆发

寒武纪是古生代的第一个纪，约开始于 5.4 亿年前，结束于 4.9 亿年前。寒武纪出现了几乎所有海洋无脊椎动物各大门类的代表，是生物进化史上非常重要的时代

## 自然选择理论面临的困难

我不否认，可以提出很多严重的异议来反对自然选择作用下伴有修改的传代理论。我已经把这些反对意见的威力发挥到了极致。较复杂的器官和本能之所以取得完善，并不是由类似于人类理性却被认为超越人类理性的造化手段达到的，而是由每一步都对持有者有利的无数微小变异积累而成的。乍一看，没有什么比这更难以置信了。不过，如果我们承认下面这三点事实，困难再大也能化解。第一、不管是现在还是过去，任何器官或本能走向完善的级进都对自身有利；第二、任何器官或本能都在发生变异，不管变异程度多么微小；第三、生存斗争会将结构或本能的有利偏差保存下来。

无疑，我们很难推测许多结构是通过什么样的级进步骤臻至完善的，在破败和衰落的生物群中尤其困难。不过，我们已经在自然界中看到了许多奇特的级进，按照格言的说法，“自然界不产生飞跃”。当我们断言任何器官、本能或整个生物体不可能经由许多级进步骤而达到目前的状态时，应该格外小心！必须承认，自然选择理论碰到了一些很奇特的困难，比如在同一蚁群中，存在着两三个工蚁或称不育雌性的等级，不过，我已经在前文中解释过如何克服这个困难。

物种间首次杂交几乎普遍不育和变种间杂交几乎普遍可育构成了鲜明的对比。在第八章中，我已表明，难育性并不是一种被特别赋予的性质，而是类似于两种树木嫁接时的不相容，是伴随着互交物种生殖系统的体质差异而发生的。同样两个物种互交的结果有时差异很大，说明上述结论是真实的。

不能把变种互交的能育性及其混种后代的能育性视为普遍现象。如果我们考虑到它们的体质或生殖系统不太可能发生显著修改，那么这种能育性也就不足为怪了。

杂种的难育性和首次杂交的难育性是非常不同的情况——杂种的生殖器官或多或少存在功能障碍，而在首次杂交的情况下，双方的生殖器官都是完好的。我们一次又一次发现，在生存条件略微改变的情况下，各种生物因体质被扰动而出现某种程度的难育性。我们不必为杂种出现某种程度的难育而感到惊讶，因为杂种由两种不同的生物体结合而成，所以体质势必会受到扰动。这种对应关系被另一组由完全相反的现象组成的对应关系所证实——在生存条件略微改变的情况下，所有生物的活力和能育性都会增加，发生轻微修改的形态或变种的后代通过杂交会增加活力和能育性。所以，一方面，生存条件显著变化和修改程度很大的形态之间发生杂交将降低能育性；另一方面，生存条件变化较小和修改程度不大的形态之间发生杂交，将增进能育性。

就地理分布而言，伴有修改的传代理论碰到的困难可谓大矣。同一物种的所有个体、同属或更高阶元的所有物种势必都传衍自共同祖先，因此不管它们分布的地域多么偏远，都必然是在相继的世代从一个地方传播到了另一个地方。我们往往完全想象不出迁移过程是如何实现的。但是，既然我们相信有些物种在极其漫长的时期一直保持原有的形态，而在这段漫长时期里，多种迁徙方式总能找到得以施展的机会，从而不难解释同一物种会偶然传播到遥远的地方。分布范围不连续往往可以用物种在中间地带发生灭绝来解释。不容否认，迄今为止我们对出现于近代的各种气候和地理变迁的影响范围还十分无知，而这些变化显然会给生物的迁徙提供极大的便利。例如，我曾谈到冰期对同一物种和代表性物种在全世界的分布起到了多么有效的作用。并且还有许多偶然的传播方式完全不为我们所知。

根据自然选择理论，必定曾经存在过将各类群的所有物种用精细级进联系起来的无数中间形态。有人会问，为什么我们没有在周遭看到这些起连接作用的中间形态呢？为什么所有生物没有混杂成无法分辨的混乱状态呢？我们应该记住，除极少数情况之外，我们无权期待在现生形态之间发现“直接连接的环节”，只能期待找到它们各自与某些已灭绝形态和被取代形态之间的联系。即使在长期处于连续状态的广阔区域，且气候等生存条件从被一个物种占据的地区不知不觉地变化到被近缘物种占据的另一个地区，我们也无权期待总能在中间地带找到过渡变种。因为我们有理由相信，任何时期都只有少数物种在发生变化；而且所有变化都是缓慢达成的。我曾论证过，起初存在于中间地带的过渡变种很容易被相邻的近缘形态所取代。

如果认为世界上的现生生物和已灭绝生物之间，以及已灭绝生物和更古老的生物之间的无限多连接环节已经灭绝，为什么在每个地层组中未必都有填满这些环节的化石呢？为什么一批批化石藏品没能提供生命形态级进和变异的清晰证据呢？为什么整群近缘物种会突然出现在几个地质阶段呢？为什么我们没有在志留纪地层之下找到大量含志留纪化石群祖先遗骸的地层呢？

我只能以假设地质记录的完备程度远逊于大多数地质学家的认知来回答这些质疑和异议。就肯定存在过的无数物种的无数世代而言，我们博物馆中的标本数量只是凤毛麟角。不管我们研究得多么仔细，也无法认定一个物种是一个或多个物种的祖先，除非能找到大量中间环节把它们过去的祖先和目前的状态连接起来。而由于地质记录不完备，我们很难指望找到这么多中间环节。现在有许多争议形态存在被列为变种的可能性，但谁敢妄言在未来时代不会发现足够多的化石环节，使博物学家能够按照常理推断这些争议形态是或者不是变种呢?对于中间环节普遍缺失的两个物种，如果人们发现了其中某个环节或过渡变种，这个变种将被简单地列为另一个不同的物种。世界上进行过地质勘查的只是一小部分，只有某些纲的生物能以化石状态保存下来。分布广泛的物种变异最多，变种在初现的时候往往是地方性的——这两个因素降低了发现中间环节的可能性。地方性的变种只有在被显著修改和改良之后，才能散布到远处的另一个地方。而当它们确实散布了，并在一个地层组中被发现，那么就很像是在那里被突然创造出来的，人们会简单地把它们列为新物种。大多数地层组是断断续续形成的；我倾向于认为，地层组形成的时间要短于物种的平均持续时间。相继的地层组之间存在很大的时间间隔——因为只有海床下降并发生大量沉积时，含化石的地层才能积累到足以抵抗未来侵蚀作用的厚度，而在海床抬升和静止期间，地质记录就是空白的了。在抬升和静止期间，生命形态大概更容易出现变异；而在下降期间则更容易发生灭绝。

关于在志留纪地层之下为什么缺少含化石地层，我只能重提第九章的假设——地质记录实在太不完备。如果我们观察的地层涵盖了足够长的时间段，就会清楚地发现所有物种都变化了，并且是按照我的理论所要求的方式变化的——变化速度很慢并且逐级进行。因为在相继的地层组中，生物化石遗骸总是彼此接近；但在相隔遥远的地层组中，接近程度就逊色多了。

以上列举了所有能对我的学说构成重大威胁的反对意见和难题，我已经简要重述了我的答复和解释。多年以来，我把这些难题看得太重，以至于无法摆脱它们的影响。但需要特别注意的是，比较重要的反对意见都与我们要坦然承认的无知相联系。我们不知道从最简单器官到最完善器官之间的所有可能存在过的过渡级进；我们不敢妄言已经了解绵长岁月中的所有散布方式，也不敢妄言地质记录的不完备到底有多么严重。虽然这几个难题很致命，但据我判断，它们不足以推翻伴有修改的传代理论。

## 对自然选择理论有利的情况

现在，让我们把目光转向有利于自然选择理论的方面。在家养状态下，我们看到了大量变异，主要原因似乎与生殖系统极易受生存条件变化影响有关。生殖系统受损后，将不能产生完全肖似祖先型的后代。变异性受到许多复杂规律的支配，比如相关生长律、用进废退律和生存条件直接作用律。要确定家养生物发生了多大程度的修改殊非易事；不过我们可以稳妥地推断，修改量很大，而且可以长久遗传下去。只要生存条件保持不变，我们就有理由相信，已经遗传了很多世代的修改可以继续遗传几乎无限世代。另一方面，我们有证据表明，变异性一旦开始发挥作用，就不会完全停止，因为最古老的家养生物仍然会偶尔产生新变种。

事实上，变异性并非由人工选择引起——人类只是不经意间改变了生物的生存条件，随后自然界作用于生物体，导致了变异。不过，对于自然界产生的变异，人类可以也确实进行了选择，并按照自己的意愿使变异得以积累，由此把动植物改造成人类需要的样子。人类可以采用系统性方法，也可以通过保存当时对自己有用的个体而不知不觉地做到这一点。通过在连续世代选择小至未经训练的眼睛难以察觉的个体差异，人类一定能在很大程度上影响一个品种的性状。这种选择过程已成为形成最独特和最有用的家养品种的法宝。许多人造品种在很大程度上具有天然物种的性状，令人们难以判定它们究竟是变种还是原生的物种。

没有理由认为，在家养状态下如此有效的法则，会在自然状态下失效。从受眷顾的个体和种族在没完没了的生存斗争中得以保存，我们看到最强有力的选择力总在起作用。数量按几何级数增加的趋势在生物中普遍存在，因而不可避免地带来生存斗争。生下来的个体太多，不可能都生存下来。只要略占优势就能决定哪些个体能生存，哪些个体将死亡。同一物种的诸个体在所有方面都非常相似，所以它们之间的斗争最激烈，同一物种诸变种之间的斗争也几乎同样激烈，接下来才是同属的诸物种。但是，在自然等级上相差很远的生物之间，竞争也往往很激烈。只要与对手相比略占优势，就能打破竞争的均势。

在雌雄异体动物中大多存在雄性为占有雌性而发生的斗争。最有活力的个体或最成功适应生存条件的个体，通常将留下最多的后代。不过，成功也往往取决于是否拥有特殊武器或防御手段，或者取决于雄性的魅力，这些情况同样只需最轻微的优势就能导向胜利。

地质记录清楚地表明，每一片大陆都经历过巨大变迁，我们也许可以认为：与家养生物一样，自然状态的生物在生存环境变化时也会发生改变。自然状态发生的变异一定有自然选择介入。经常听到一种说法，但这种说法缺少证据，即自然状态的变异量非常有限。尽管人类只对外部特征进行选择，并且想法往往比较奇怪，但也能仅仅通过累积其家养生物中的个体差异而在短时间内产生显著效果。没有人否认，自然界中物种的诸个体之间存在微小差异。除个体差异外，所有博物学家都承认有变种存在，值得把变种的差异记录在分类学著作中。没有人能在个体差异和轻微变种之间划一条清晰的分界线，也没有人能在更显著的变种、亚种和物种之间划清界限。

如果自然界中存在变异性，并且有一个强大的动因随时会对变异进行选择，那么我们为什么要怀疑，在超级复杂的生物关系中，以某种方式对生物有益的变异能够保存、积累和遗传下来呢？为什么人类能耐心地选择对自己最有用的变异，自然界却不能选择对处于生存环境改变条件下的生物有用的变异呢？在漫长的岁月里，自然的力量严格检查每一生物的体质、结构和习性，留下好的、剔除坏的，对这样的力量怎么能加以限制呢？我不认为这种使每种形态缓慢而巧妙地适应最复杂的生命关系的力量会受到限制。现在让我们看一看对我的理论有利的具体事实和论证。

物种只是特征显著的永久性变种，每个物种在形成之初都是作为变种存在的。根据上述观点，我们就能了解为什么在通常认为是被特别创造的物种和公认为是由次级法则产生的变种之间没有明确的界限；我们还能了解为什么在一个属的许多物种产生和繁盛的地方会出现许多变种，因为按理说，一个曾制造出大量物种的地方应该仍然处于活跃期，如果变种确实是雏形种，就会出现这样的情况。并且，提供较多变种或称雏形种的大属物种在一定程度上保留了变种的特征——它们彼此间的区别要小于小属物种间的区别。大属的密切近似物种显然分布范围有限，在其他物种周围聚集成小群——从这两方面看，它们像是变种。根据每个物种都是被独立创造的观点，上述关系便很奇怪；不过，如果认为所有物种在形成之初都是变种，就很好理解。

每个物种都倾向于以几何级数过度繁殖；每个物种修改了的后裔将通过数量的快速增长表现出更多样化的习性和结构，从而能够占据自然经济体中多个非常不同的位置，使自然选择不断地保存各物种最歧化的后裔。因此，在长期不间断的修改过程中，同一物种各变种间在性状上的微小区别，将倾向于积累成同属物种间的重大区别。改良的新变种将不可避免地取代和剪灭改良程度不大的旧变种和过渡变种，因而物种在很大程度上被界定成独立的对象。较大类群中的优势物种倾向于产生新的优势形态，结果每个大的类群就倾向于变得更大，在性状上也会发生更大的分歧。但是，地盘毕竟有限，不可能所有类群都成功实现数量增加，于是占据较大优势的类群会打败优势较小的类群。这种大类群规模不断扩大和性状持续分异的趋势，以及难免会随之而来的大量灭绝，就解释了所有生命形态群下有群的分类方式。在我们周遭随处可见的生物和在各个时间段占据优势的生物，都可以被归入几个大纲之下。在我看来，按照创造论，“众生芸芸，物以群分”的伟大事实是完全讲不通的。

因为自然选择只通过连续积累对物种有利的微小变异而起作用，所以它不能产生巨变或突变，只能通过短小的步子缓慢前进。“自然界不产生飞跃”这句格言被我们所增加的每一条新知严格验证，按照上述理论也很容易得到解释。我们清楚地看到，为什么自然界“侈于多样，却吝于创新”。如果认为每个物种都是被独立创造出来的，又该如何解释这条自然规律呢？没有人能回答。

在我看来，这个理论还可以解释许多事实。一种鸟，外表很像啄木鸟，却被造来取食地面上的昆虫；山地雁从不或极少游泳，却生有蹼足；一种鸫会潜水并取食水下的昆虫；一种海燕竟具有适应海雀或鸊鷉生活的习性与构造！如此种种奇怪的例子不胜枚举！但是，如果认为所有物种都在不断努力增加自身数量，而自然选择总在准备着把每个物种缓慢变异的后裔安排到自然系统中未被占据或未被充分占据的位置，这些事实就不再稀奇古怪，反而在预料之中了。

自然选择凭借竞争使每一地域的生物得以适应，仅仅是通过这些生物在完善程度上优于同伴。因此，我们不必惊讶于任何一地的生物，虽然按照通常的观点，是被特别创造出来并适应于该地的，却败于来自异乡的归化生物。我们也不必惊叹自然界的设计并不总是尽善尽美：我们不必惊叹蜜蜂拔出刺入入侵者的蜂刺会导致自身死亡；不必惊叹当终生仅交配一次的雄蜂数量太多时会被它们不育的姐妹杀死；不必惊叹蜂后对自己的可育女娃怀有本能仇恨……需要惊叹倒是，根据自然选择学说，没有观察到更多完善性有所欠缺的例子。

蜂刺的位置

变异遵循的规律非常复杂，并且很少有人知道；据目前所知，这些规律与形成物种形态所遵循的规律相同。在这两种情况下，由非生物条件产生的直接作用似乎很小，但进入任何一个新地域的变种偶尔会获得当地物种的某些性状。“用进废退”看似在变种和物种中都产生了一些效果。以下这些例子让我们难以拒绝这一结论：像家鸭一样有翅而不会飞的呆头鸭、偶尔盲目的穴居土库土科鼠、惯常盲目以至于眼睛被皮层覆盖的某些鼹鼠和在欧美黑暗洞穴中生活的盲目穴居动物。相关生长律在变种和物种中都发挥了最为重要的作用，因而在一个部位被修改之后，其他部位必然会发生改变。在变种和物种中，都发生过返回远祖性状的现象。马属几个物种及杂种的肩部和腿部偶然会出现斑纹，根据创造论恐怕难以解释！但如果我们相信这些物种传衍自生有斑纹的祖先，就像家鸽的几个品种都传衍自带条纹的蓝色岩鸽一样，这项事实就能简单地得到解释！

如果认为每个物种都是被独立创造出来的，为什么种征比属征更多变呢？例如，为什么花色各不相同的同属物种比花色一致的同属物种更容易在花色上发生变异呢？如果物种只是特征显著的变种，并且其性状在很长时间内保持不变，那么我们就能理解这一事实：因为它们从共祖分支出去之后，某些性状发生变化，这些性状的差异使它们彼此有所区别，所以这些性状就比从远祖遗传的长期未曾变化的属征更多变。创造论无法解释为什么在一个属的任一物种中，出现超常发育的部位很容易发生变异；而根据我的理论，自几个物种从共祖分支出来后，这个部位已经发生了超常程度的变异和修改，因此我们通常可以期待这个部位会继续变异。不过，一个以最不同寻常方式发育的部位，例如蝙蝠的翼，也许并不比其他结构更常发生变异——因为这个结构为所有下级形态所共有，即已经遗传了很长时间，在这种情况下，长期不间断的自然选择已经使它稳定下来了。

就动物本能而言，虽然有些例子令人惊叹，但绝不比身体结构给自然选择理论带来的困难更大。这样，我们就能理解为什么自然界以级进步骤赋予同纲的不同动物某几项本能。在第七章中我已尝试阐明过，如何用级进原理解释蜜蜂的惊人建筑能力。无疑，习性的力量有时对本能的修改起着一定的作用，但并非不可或缺。比如中性昆虫的例子，它们不产生后代，无法继承长期养成的习性。根据同属所有物种都传衍自同一祖先，遗传了很多共性的观点，我们就能理解为什么生长在不同环境下的近似种会具有几乎相同的本能，例如南美鸫和英国的物种一样用泥筑巢。如果认为本能是在自然选择作用下缓慢获得的，我们就不必惊讶于某些本能并不完善和易于出错，甚至在许多例子中使动物受苦。

南美鸫

如果认为物种只是特征显著的永久性变种，我们马上就能看出为什么物种的杂交后代在肖似父母的程度和方式上（通过连续杂交彼此交融等），与公认变种的杂交后代一样，都遵循着同样一些复杂的规律。反之，如果物种是被独立创造的，变种是通过次级规律产生的，那么上述现象就解释不通了。

如果我们承认地质记录极不完备，那么，现有记录提供的证据就可以支持伴有修改的传代理论。新物种是在连续的时间段内缓慢形成的；不同类群经过相等的时间间隔之后变化量大不相同。根据自然选择理论，在生物界历史中起着显著作用的物种和物种群的灭绝几乎是不可避免的，因为改进较少的旧形态会被新形态取代。普通的传代链条一旦中断，不论是单一物种还是物种群都不可能重现。优势形态的逐渐散布，伴随其后裔的缓慢改变，使得生物形态在经历很长的时间段之后，就好像是在全世界范围内同步发生变化似的。每个地层组中化石遗迹的特征，在某种程度上介于上下地层组的化石遗迹之间，这可以直接用生物在传代链条中位置居中来解释。所有灭绝生物和新近生物属于同一体系，或者同一类群，或者落入中间类群的重要事实说明，现生生物和灭绝生物都是共同祖先的后代。这些传衍自同一祖先的类群通常会出现性状分异，与较晚的后裔相比，祖先及早期后裔往往具有中间的性状。因此我们便能理解为什么化石越古老，就越经常在某种程度上介于现生类群和近似类群之间。笼统地说，新近形态通常比远古已灭绝形态等级高，因为经过较大改进的后起形态在生存斗争中征服了改进较少的老形态。最后，同一大陆上近缘形态的长久存在是可以理解的，如澳大利亚有袋类、美洲贫齿目哺乳动物等——因为在范围有限的地区，新近生物和灭绝生物很自然地通过传代而相似。

在地理分布方面，如果我们承认，漫长岁月中发生的从一地到另一地的大规模迁徙，是由于气候、地理变迁以及许多偶然和未知的散布方式，那么，根据伴有修改的传代理论，就能解释大多数关于分布的重大事实。我们就能看到为什么生物在整个空间的分布，和在所有时间的地质演替，会如此惊人的相似——因为在这两种情况下，生物都是由普通的世系纽带联系起来的，修改的方式也相同。我们可以完全理解以下这项曾让所有旅行者惊讶的事实，即在同一块大陆上，不管环境条件多么不同——炎热或寒冷、山地或低地、沙漠或沼泽，每一大纲里的大多数生物是显著关联的。至此，我们看到了这项奇妙事实的完全含义——因为它们通常有共同的祖先，都是早期移民的后裔。同样根据早期曾发生过迁徙，并且在多数情况下伴有修改的理论，我们就能理解为什么可以用冰期解释，在相隔最遥远的高山上和在最不一样的气候之下，却有少数几种植物完全相同、许多其他植物近缘。同样可以理解为什么生存于被热带海洋隔开的南北温带地区的海生生物会密切相关。但是，如果两地完全分隔开的时间已经很长，我们就不必惊讶于，虽然两地非生物条件可能相同，却栖息着大不相同的生物——因为生物与生物之间的关系才是最重要的关系！两地可能在不同的时期以不同的比例从第三地接受移居者，或相互接受移居者，所以“修改路线”难免会有所不同。

按照迁徙后发生修改的理论，我们就能解释：为什么栖息在海洋岛上的少数物种中，有很大一部分是特有种；为什么不能跨越辽阔海域的生物，如蛙类和陆生哺乳类，不会生活在海洋岛上，而能跨海飞行的蝙蝠特有新种却常见于远离大陆的海洋岛上。海洋岛上存在蝙蝠特有物种，却不存在其他哺乳动物的事实，用分别创造论根本无法解释。

根据伴有修改的传代理论，两地存在近缘物种或者代表性物种表明，同样的亲种从前曾经生存于这两处地方。我们的观察结果几乎总能证实：每当两地存在大量近缘物种时，一定仍有完全相同的物种存在。只要出现大量近似但不同的物种，就会出现同一物种的许多争议形态和变种。一个具有高度普适性的法则是：各地生物与最近源迁入地的生物有关系。我们发现，加拉帕戈斯群岛、胡安·费尔南德斯群岛以及其他美洲岛屿上的几乎所有动植物都与邻近美洲大陆上的动植物显著相关；同样，佛得角群岛等非洲岛屿上的生物与非洲大陆生物相关。必须承认，这些事实无法用创造论来解释。

我们看到，所有古今生物组成了一个群下有群的庞大自然系统，灭绝类群往往介于新近类群之间。根据自然选择以及可能会随之发生灭绝和性状分异的理论，上述事实是可以得到解释的。我们还能用同样的理论来解释，为什么同一纲里各物种和属的相互类缘关系会如此复杂和曲折。我们了解，在进行分类的时候：为什么某些性状的作用远大于另一些性状，而对生物至关重要的适应性状却几乎没有任何意义；为什么对生物已无用途的残迹部位呈现的性状往往具有较高的分类学价值；为什么胚胎的性状最具价值。所有生物的真实亲缘关系都来自遗传或起源一致性。自然系统是谱系式的，我们必须通过最持久的性状发现传代链条，不管这个性状在生理上多么不重要。

人手、蝙蝠翼、海豚鳍和马腿具有相同的骨架，构成长颈鹿颈和大象颈的椎骨数目相同，根据“伴有缓慢的连续微小修改的传代理论”，无数这样的事实都能立即得到解释。蝙蝠的翼和腿，螃蟹的螯和腿，一朵花的花瓣、雄蕊和雌蕊虽然用途如此不同，却具有相似的模式——根据在各纲早期祖先中相似部位或器官后来逐渐发生修改的观点，这些也就可以得到解释了。根据连续变异不常发生于较早的龄期，相应地也会被遗传到不太早的龄期，我们就能理解为什么哺乳类、鸟类、爬行类和鱼类的胚胎如此相似，而成体形态却大不相同。也许我们不必惊讶于，呼吸空气的哺乳类或鸟类，与必须呼吸溶解于水中的空气的鱼一样，在胚胎阶段具有鳃裂和环状动脉。

当习性变化或生存条件改变使一个器官变得无用的时候，这个器官往往会因废用（有时辅以自然选择）而减小，据此我们就能清楚地理解残迹器官的意义。不过，废用和自然选择对每一生物的作用，通常发生在生物进入成熟期后要全力谋生的阶段，而对早龄阶段的器官施加的作用很小；所以在早龄阶段这个器官不会被大幅缩减或者变为残迹。例如，牛的早期祖先有发育完好的牙齿，小牛遗传了这个特征，但牙齿从来穿不过上颚的牙床。或许我们可以认为，在连续的世代里，成年动物的牙齿由于废用而减小，或者说自然选择已使舌和颚适应不需牙齿帮助就能吃草；而小牛的牙齿不受废用或自然选择的影响，于是按照遗传至相应龄期的原则，小牛的牙齿从遥远的过去一直遗传到今天。按照每一种生物和每一个器官都是被特别创造的观点，根本解释不了诸如小牛的牙齿和某些甲虫连合鞘翅下的萎缩翅等废用迹象为什么经常显现。可以说自然界在煞费苦心地通过残迹器官和同源构造来揭示它的修改计划，但看起来我们却故意不解风情。

## 导致人们普遍相信物种不变论的原因

以上事实和考量使我完全相信，物种是可变的，并且仍在通过保存和连续积累对物种有益的微小变异而缓慢变化着。有人会问：为什么当今世上最卓越的博物学家和地质学家都拒绝物种可变的观点呢？我们不能断言自然状态下的生物不发生变异；不能证明对应于很长时间段的变异量是一个有限的量，以及在物种和特征显著的变种之间不曾有也不可能有清晰的分界。我们不能主张物种间互交必然不育，变种间杂交必然能育，或难育性是创造赋予的特殊禀赋和标志。只要认为世界历史是短暂的，就必然会得出“物种不变”的结论。现在，我们对逝去的时间已有所体察，以至于不会在没有凭据的情况下轻信地质记录的完备性，以为只要物种曾经发生变化，地质记录就会向我们提供物种变化的明确证据。

不过，我们不肯承认由一个物种能产生另一个不同物种的主要原因是：在没有看到中间步骤的情况下，我们总是迟迟不愿承认巨变的存在。当赖尔首倡“长线内陆岩壁的形成和大山谷的开辟乃是由于海岸波浪的缓慢作用”时，许多地质学家也同样认为难以置信。人们想象不出一亿年有多漫长，也不能理解许多微小变异在积累几乎无数世代后所产生的总体效果有多大。

我本人完全相信这部摘要式著作中提出的观点是真实的，但我绝不指望说服那些老套的博物学家，长期以来，充斥于他们头脑的大量事实都是用与我针锋相对的观点来解释的。用“创造的计划”“一致的设计”等言辞来隐藏我们的无知是多么容易，我们自以为得到了解释，而事实上只是对事实的重述。如果一个人更看重我的理论遇到的困难而不是对若干事实的解释，那么他势必会拒绝我的理论。少数头脑灵活的博物学家已经开始怀疑物种不变论，他们可能会受本书的影响。我对未来充满信心，相信博物学家中的后起之秀将能够不偏不倚地考察问题的两个方面。经过引导得以信服物种可变的人，如果能认真地表达自己的信念，他就是在做好事。唯有如此，对这个问题的重重偏见才能被移除。

几位著名博物学家最近发表意见称，每个属中都有大量不真实的公认物种，但另外一些物种是真实的，即是被独立创造出来的。在我看来，这是一个奇怪的结论。直到最近他们还认为大量形态是被特别创造出来的——大多数博物学家至今仍这么认为，可见它们具备真种所具有的一切外在特征。现在，几位著名博物学家承认大量形态是由变异产生的，但却拒绝以同样的眼光看待其他只有很微小差别的形态。不过，他们不敢妄称自己可以定义甚或推测，哪些生命形态是被创造的，哪些是由次级规律产生的。他们在某一场合承认变异是真实原因，在另一个场合又武断地否认，而且说不出这两种场合之间有什么区别。早晚一天这个荒诞的例子会被用于证明人们对先入之见的盲从。这些作者似乎并不认为，超自然的创造行为比繁殖后代更神奇。不过，他们果真相信，在地球史上无数时期中，曾有某些元素的原子受命突然变成活组织吗？他们果真相信，每一次创造行动中都有一只或许多只个体产生吗？无数动植物个体被创造出来的时候是卵或籽，还是成体呢？哺乳动物被首次创造的时候就带有曾从母体子宫中摄取营养的虚假印记吗？虽然博物学家们非常正当地要求物种可变论的信奉者就每一项困难做出完全的解释，但在他们自己这一边，却忽略了“物种首次出现”带来的全部难题，他们认为这是“虔诚的沉默”。

## 自然选择理论的前景

有人会问我，想把物种可变论推进到什么程度。这个问题很难回答，因为我们考虑的形态太多样，以至于论证的威力随之减小。不过，有几条最有分量的论证可以推而广之。整纲的所有成员能够通过亲缘链条联系起来，以同样的原则群下分群。化石遗迹有时倾向于填补现生目之间的巨大空缺。残迹状态的器官清楚地表明，这个器官在早期祖先体内曾处于完全发育的状态，有些例子显然意味着它在后裔中发生了程度很大的修改。整纲生物中多样的构造是按同一模式形成的，而且各物种在胚胎阶段彼此密切相似。因此，我对伴有修改的传代理论适用于同一纲的所有成员深信不疑。我相信，动物至多是从四五种祖先传衍下来的，而植物是从相等或更少数量的祖先传衍下来的。

类推使我进一步相信，所有动植物都是从某一原型传衍下来的。但类推也可能会失误。然而，所有生物在化学组成、核泡、细胞结构以及生长、繁殖律上都存在许多共同点。从一些细微之处就能看到这一点：例如，同一毒素往往既影响动物，也影响植物；瘿蜂分泌的毒汁会使野蔷薇和橡树长成畸形。因此，我根据类推认为，所有曾在地球上生存过的生物大概都是从某个原始形态传衍而来，生命就是从这里被孕育出来的。

我们隐约预见到，本书关于物种起源的观点或类似的观点一旦被

黑莓

普遍接受，就会引起博物学上的重大革命。分类学家仍可以按目前的思路工作，但不再因搞不清某种形态究竟是不是真种而感到困惑。根据经验，我确信由此带来的解放不是一点半点，关于约50种英国黑莓是否为真种的无止无休的争论也就可以停止了。分类学家们只需确定某一种形态是否足够稳定，是否足以与其他形态相区别，就能下定义；如果可以定义，再根据这些差别的重要性决定是否值得订立一个种名。后一项工作将比我们目前所认为的重要得多，因为不管两种形态之间的差异多么小，如果不能被中间级进联系起来，大多数博物学家就会认为这两种形态都足以被列为物种。从此我们将不得不承认，物种和特征显著的变种之间的唯一区别在于，变种目前已知或据信可以被中间级进连接起来，物种则是从前曾被这样连接起来过。因此，我们不但不能拒绝考虑任意两种形态之间存在的中间级进，反而应该更仔细地权衡和重视两者之间的实际差异度。很有可能目前普遍认为是变种的形态从此值得考虑列为物种了，例如莲香报春花和高背报春花，在这种情况下，科学语言就和通俗语言一致了。简言之，正如博物学家们对属的看法一样——属只不过是图方便而做的人为组合，现在，我们不得不用同样的方式来看待物种。这也许不是令人欣慰的前景，但我们起码不用徒劳地去探寻“物种”一词尚未发现也发现不了的实质。

人们对博物学中更具一般性的分支的兴趣将大大提升。博物学家们所使用的术语，如类缘性、关系、模式一致性、父系、形态学、适应性状、残迹及萎缩器官等将不再是隐喻，而有了明确的意义。当我们不再像野蛮人看一条船那样看待生命，认为眼前的事物完全超乎自己的理解能力；当我们把自然界的每一种产物都看作是具有历史的；当我们把每一种复杂的结构和本能都看作是对持有者有利的许多设计的总和，正像我们把一项伟大的机械发明看作是无数工人的劳动、经验、理性甚至是教训的总和一样；当我们以这样的视角审视每一种生物时，从我的经验判断，博物学研究将变得多么有趣啊！

在变异的原因和法则、相关生长律、用进废退、外界环境的直接作用等方面，将出现一片几乎无人涉足的广阔领域等待大家去探索。家养动植物的研究价值将大大提高。与在无数有记载的物种中增添一个新物种相比，研究人工培育的新变种将更重要和更有趣。我们对生物的分类将尽可能按谱系的方式进行，那时才能真正给出“创造的计划”。毫无疑问，当我们有明确目标时，分类的规则将变得更简单。我们没有谱系图或者纹章，不得不根据长期遗传下来的各种性状去发现和追踪自然谱系中的分歧传代链条。残迹器官将确凿无疑地表明丧失很久的结构的性质。被想象成活化石的稀奇古怪的物种或物种群，将有助于我们构想远古生命形态的样子。胚胎学将向我们揭示每个大纲内原型的结构，只是不那么一目了然。

如果我们能够确信同一物种的所有个体和大多数属的所有近缘物种都传衍自不太久远的共祖，随后从诞生地向外迁徙；如果我们能够更加了解多种迁徙方式，那么，根据地质学在以往气候变迁和地平面变化方面已经取得的和即将取得的认识，我们就一定能追踪到关于过去全世界生物如何进行迁徙的可信结果。即使现在，通过比较某大陆对侧海生生物的差异，以及比较该大陆上多种生物的性质与可能的迁移方式的关系，或许也能了解古今的地理变迁。

伟大的地质学由于地质记录太不完备而黯然失色。埋藏着生物遗骸的地壳不能被认为是一座馆藏丰富的博物馆，其可怜的藏品只偶然来自很少几个时间段。每一个富含化石的地层组都被认为是在不同寻常的环境下形成的，而相继层位之间的空白阶段跨越了很长时间。不过，通过比较之前和之后的生物形态，我们就可以有把握地估计这些空白阶段的持续时间。当我们试图根据生命形态的一般演替，把几乎没有相同物种的两个地层组严格匹配为同时期时，必须谨慎从事。物种的形成和灭绝都是由缓慢发生作用并且仍在发生作用的原因引起的，而不是由奇迹般的创造行为或灾变引起的；而导致生物发生变化的最重要的原因乃是生物与生物之间的相互关系（一种生物的改良会引起其他生物的改良或灭绝），与变化的甚至突然变化的非生物条件几乎无关；因此，相继地层组中化石生物的改变量大概能作为衡量时间流逝的合适判据。不过，许多物种作为一个整体也许会长期保持不变；如果这期间其中一些物种迁徙到新的地区，并要与新邻居展开竞争，那么这些物种可能会发生变化；因此，我们不能过高估计用生物变化量衡量时间流逝的精确性。在地球历史的早期，生命形态既少又简单，变化速度大概很慢；在生命刚刚开始出现时，只有很少几种结构最简单的形态存在，变化速度大概极其缓慢。对我们来说目前已知的地球历史已经久远得难以理解，但与从生命初现以来流逝的时间相比，前者只不过是一个片段而已。

我预测，在遥远的未来，将会出现更重要的研究领域。心理学将建立在新的基础之上，即心智方面的每一次进步必须通过逐级过渡取得。人类的起源与历史也将得到阐明。

# 结束语

当今世上最知名的作者们似乎对每个物种都是被独立创造出来的观点很满意。依我看，就像决定个体生死的原因一样，古今生物的产生与灭绝都是由次级原因决定的，这和我们所知的造物主施加于物质之上的规律更相符。当我不再把生物看作是特殊创造的产物，而看作是早在志留纪地层开始沉积之前就已存在的少数生物的直系后代时，它们在我眼里变得高贵了。以史为鉴，我们可以稳妥地推断，没有一个现生物种能够丝毫不改变地传衍到遥远的未来。而在现生物种中，只有很少数能将无论什么样的后代传衍到极遥远的未来——因为从对所有生物的分类来看，每个属的大多数物种和许多属的所有物种已经完全灭绝，没有后代留下。于是，我们就能用先知的眼光展望未来，预言属于较大的优势类群的、分布广泛而常见的物种将最终取得胜利，并将产生新的优势物种。既然所有现生的生命形态都是生存于志留纪之前的生物的直系后裔，我们可以肯定，世代的演替从未中断，也从来没有大灾变使整个世界变得荒芜。因此，我们可以有把握地预测，未来将延伸到同样浩渺难测的长度。因为自然选择只是根据和为了每一生物的利益而工作，所以生物在肉体和精神上都将日臻完善。

让我们考虑一个长满各种植物的河岸，鸟儿立在灌木上鸣唱，形形色色的昆虫飞来飞去，蠕虫爬过湿润的泥土。这些构造精巧的生命形态彼此间迥然不同，却以复杂的方式相互依存，它们都是由在我们周遭发挥作用的法则形成的，这是多么有趣的事情啊！其中意义最重大的法则包括：伴随着“生殖”的“生长”；生殖中几乎总会隐含的“遗传”；由外界生存条件直接、间接作用以及由用进废退引起的“变异”；由“生殖率”太高导致“生存斗争”，进而在“性状分异”的基础上通过“自然选择”使改进较少的类型“灭绝”。因此经过自然界的战争，经过饥馑与死亡，直接的后果是形成了我们所能设想的最高贵的事物——高等动物。太初有几丝元力存于几种（或一种）生命形态之中，随着这颗行星依照引力定律运转不停，无数最美丽、最奇妙的生命形态就是从这样一个简单的开端演化而来的，而且仍在演化之中。以此观之，生命何其壮哉！

生生不息的自然界

## 附录一

# 英制单位与常用单位换算表

| | 名称 | 换算 |
|---|---|---|
| 长度 | 英寸 | 1 英寸 = 2.54 厘米 |
| | 英尺 | 1 英尺 = 12 英寸 = 0.304 8 米 |
| | 码 | 1 码 = 3 英尺 = 0.914 4 米 |
| | 英寻 | 1 英寻 = 2 码 = 1.829 米 |
| | 英里 | 1 英里 = 1 760 码 = 5 280 英尺 = 1 609.344 米 |
| | 里格 | 旧时长度单位，约为 3 英里、5 000 米 |
| 面积 | 英亩 | 1 英亩 = 4 840 平方码 = 4 047 平方米 |
| | 平方码 | 1 平方码 = 9 平方英尺 = 0.836 1 平方米 |
| | 平方里格 | 旧时面积单位，约为 25 000 000 平方米 |
| 质量 | 盎司 | 1 盎司 = 28.35 克 |
| | 磅 | 1 磅 = 16 盎司 = 0.453 6 千克 |

# 附录二

# 达尔文生平年表

1809 年　出生于英国什鲁斯伯里，祖父和父亲是著名医生，母亲是一家陶瓷厂创始人的女儿。

1825 年　到爱丁堡大学学习医学，因无法面对重病患者所遭受的痛苦而中途辍学。

1827—1831　在剑桥大学基督学院完成学业。

1831—1836　以舰长高级陪侍和兼职博物学者双重身份参加皇家海军比格尔号的环球考察航行。

1839 年　与表姐埃玛·韦奇伍德结婚。

1839 年　出版《比格尔号航海日记》，这本书很快成为 19 世纪最广为阅读的旅游书籍之一。

1839—1843　与他人合作编纂五卷本巨著《比格尔号航行期内的动物志》。

1841 年　身体状况开始恶化，打算远离伦敦的喧嚣。

1842 年　出版《珊瑚礁的构造与分布》。

1842 年　举家迁往伦敦东南肯特郡的唐别墅，一住就是 40 年。

1844 年　出版《火山群岛的地质学研究》。

1846 年　出版《南美地质学研究》。

1859 年　出版《物种起源》，首印 1 250 册，当天就销售一空。

1862 年　出版《不列颠与外国兰花经由昆虫授粉的各种手段》。

1868 年　出版《动物和植物在家养下的变异》。

1871 年　出版《人类的由来及性选择》，论证人类的起源也遵从同一自然选择规律。

1872 年　出版《人类和动物的表情》。

1875 年　出版《攀缘植物的运动和习性》《食虫植物》。

1876 年　出版《植物界异花受精和自花受精》。

1877 年　出版《同种花的不同形式》。

1880 年　出版《植物的运动》。

1881 年　出版《腐殖土的产生与蚯蚓的作用》。

1882 年　与世长辞，享年 73 岁。